大下

人民日报海外版「学习小组」编著

2024
农历甲辰年

人民出版社

平天下

2024年·农历甲辰年

前　言

中国的古典名句，蕴含丰富的做人、为官、处世哲学。"知古鉴今，以史资政"，对广大民众来说，多读一点历史、文化经典，有助于明事理、辨是非、悟人生；对领导干部来说，先人总结的为官之要、治国之道值得借鉴。

这本日历全新整理了近一年来引用率较高的三百余条古典名句，以致敬经典。

新一年 366 天里，我们相约，每天学习一条古典名句。相信，潜移默化之中，古人智慧将融入日常生活，提升今人识见。

这些年，让我们一起进步，共同担当。

祖國萬歲
九十又歲白石

一月

昨夜斗回北，今朝岁起东。我
年已强仕，无禄尚忧农。桑野
就耕父，荷锄随牧童。田家占
气候，共说此年丰。
——
《田家元旦》【唐】孟浩然

爱人利物之谓仁。

【典出】先秦《庄子·天地》
【原文】同引用。
【释义】爱天下人、利于万物，叫作仁。

农历癸卯年 农历十一月二十

元　旦

2024 年 1 月 1 日　星期一

不曲道以媚时，不诡行以邀名。

【典出】东汉·崔寔《政论》

【原文】同引用。

【释义】不能违背原则以趋时媚世，不能行事诡诈以邀取名声。

农历癸卯年 农历十一月廿一

2024 年 1 月 2 日　星期二

不贵尺之璧，而重寸之阴。

【典出】西汉·刘安等《淮南子》

【原文】不贵尺之璧，而重寸之阴，时难得而易失也。

【释义】美玉盈尺不足贵，光阴一寸重千金。

农历癸卯年 农历十一月廿二

2024 年 1 月 3 日　星期三

不患无位，患所以立。

【典出】先秦《论语·里仁》
【原文】子曰："不患无位，患所以立。不患莫己知，求为可知也。"
【释义】不要担心没有职位，而应该注重自己靠什么本领来立足社会。

农历癸卯年 农历十一月廿三

2024 年 1 月 4 日　星期四

不期修古，不法常可。

【典出】先秦《韩非子》

【原文】圣人不期修古，不法常可，论世之事，因为之备。

【释义】不向往远古的制度，不拘泥于过去常用的方法。

五
日

农历癸卯年 农历十一月廿四

2024 年 1 月 5 日　星期五

不塞不流，不止不行。

【典出】唐·韩愈《原道》

【原文】同引用。

【释义】不堵住其他流向，水就不能朝一个方向流动；不停住一只脚也就不能迈步。

农历癸卯年 农历十一月廿五

2024 年 1 月 6 日　星期六

不诱于誉，不恐于诽。

【典出】先秦《荀子》

【原文】同引用。

【释义】不要被赞誉所诱惑，也不要因遭诽谤而恐惧。

农历癸卯年 农历十一月廿六

2024 年 1 月 7 日　星期日

必须先存百姓，若损百姓以奉其身，犹割股以啖腹，腹饱而身毙。

【典出】唐·吴兢《贞观政要》
【原文】同引用。
【释义】（治理国家）必须先存养百姓，如果损害百姓利益来奉养私欲，就像割大腿肉来充饥，肚子吃饱了，命也没了。

农历癸卯年 农历十一月廿七

2024 年 1 月 8 日　星期一

不困在于早虑，不穷在于早豫。

【典出】西汉·刘向《说苑·谈丛》
【原文】同引用。
【释义】要想不陷入困境，就须提前谋划，要想不至于绝境，就须事先预防。

九日

农历癸卯年 农历十一月廿八

2024 年 1 月 9 日　星期二

不作无补之功，不为无益之事。

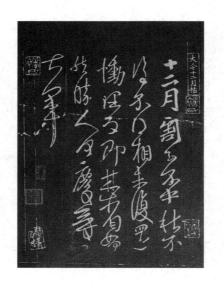

【典出】先秦《管子·禁藏》

【原文】不作无补之功，不为无益之事，故意定而不营气情。
气情不营则耳目毂，衣食足。耳目毂，衣食足，则侵争不
生，怨怒无有，上下相亲，兵刃不用矣。

【释义】不下没意义的功夫，不做没好处的事情。

农历癸卯年 农历十一月廿九

2024 年 1 月 10 日　星期三

不闻不若闻之，闻之不若见之，见之
不若知之，知之不若行之。

【典出】先秦《荀子·儒效》
【原文】同引用。
【释义】不听不如听到，听到不如看到，看到不如知道，知
道不如践行。

农历癸卯年 农历腊月初一

2024 年 1 月 11 日　星期四

秉纲而目自张，执本而末自从。

【典出】西晋·傅玄《傅子》

【原文】同引用。

【释义】（撒网时）提起网上的总绳，网眼自然会张开；抓住事物的根本，旁枝末节自然会被带动。

农历癸卯年 农历腊月初二

2024 年 1 月 12 日　星期五

变化者，乃天地之自然。

【典出】东晋·葛洪《抱朴子·内篇·黄白》
【原文】同引用。
【释义】万物的变化，是天地自然之道。

十
三

农历癸卯年 农历腊月初三

2024 年 1 月 13 日　星期六

本理则国固，本乱则国危。

【典出】先秦《管子》

【原文】夫霸王之所始也，以人为本，本理则国固，本乱则国危。

【释义】根本安定，那么国家就稳固；根本动荡，那么国家就危急。

农历癸卯年 农历腊月初四

2024 年 1 月 14 日　星期日

不违农时，谷不可胜食也；数罟不入洿池，鱼鳖不可胜食也；斧斤以时入山林，材木不可胜用也。

【典出】先秦《孟子·梁惠王上》

【原文】不违农时，谷不可胜食也；数罟不入洿池，鱼鳖不可胜食也；斧斤以时入山林，材木不可胜用也。谷与鱼鳖不可胜食，材木不可胜用，是使民养生丧死无憾也。养生丧死无憾，王道之始也。

【释义】不耽误农业生产的季节，粮食就会吃不完。密网不下到池塘里，鱼鳖之类的水产就会吃不完。按一定的季节入山伐木，木材就会用不完。

农历癸卯年 农历腊月初五

2024 年 1 月 15 日　星期一

不虑于微，始贻于大；
不防于小，终亏大德。

【典出】明《明太祖实录》

【原文】同引用。

【释义】不考虑细小之事，就会酿成大祸；不防范细节，最终会伤大节、毁大德。

农历癸卯年 农历腊月初六

2024 年 1 月 16 日　星期二

博学之，审问之，慎思之，明辨之，笃行之。

【典出】汉《礼记·中庸》

【原文】博学之，审问之，慎思之，明辨之，笃行之。有弗学，学之弗能，弗措也；有弗问，问之弗知，弗措也；有弗思，思之弗得，弗措也；有弗辨，辨之弗明，弗措也；有弗行，行之弗笃，弗措也。人一能之，己百之，人十能之，己千之。果能此道矣，虽愚必明，虽柔必强。

【释义】博学，学习要广泛涉猎；审问，有针对性地提问请教；慎思，学会周全地思考；明辨，形成清晰的判断力；笃行，用学习得来的知识和思想指导实践。

十七

农历癸卯年 农历腊月初七

2024 年 1 月 17 日　星期三

不迁怒，不贰过。

【典出】先秦《论语·雍也》
【原文】孔子对曰："有颜回者好学，不迁怒，不贰过。不幸
短命死矣。今也则亡，未闻好学者也。"
【释义】心中有怒气不迁怒他人，不重犯同样的过错。

十八

农历癸卯年 农历腊月初八
腊八节

2024 年 1 月 18 日　星期四

不知则问，不能则学。虽智必质，然后辩之；虽能必让，然后为之。

【典出】汉·刘向《说苑·敬慎》
【原文】同引用。
【释义】不懂就问，不会就学。即使聪明也定要质朴一些，然后才能明理；即使有才能也定要谦让一些，然后才能做事。

十

九

农历癸卯年 农历腊月初九

2024 年 1 月 19 日　星期五

不经一番寒彻骨，怎得梅花扑鼻香。

【典出】唐·黄檗禅师《上堂开示颂》

【原文】同引用。

【释义】如果不经历冬天刺骨的严寒，梅花怎会有扑鼻的芳香。

大寒

农历癸卯年 农历腊月初十

2024 年 1 月 20 日　星期六

博爱之谓仁，行而宜之之谓义，由是而之焉之谓道，足乎己无待于外之谓德。

【典出】唐·韩愈《原道》

【原文】同引用。

【释义】博爱叫作"仁"，恰当地去实践"仁"就是"义"，沿着"仁义"之路前进便为"道"，使自己具备完美的修养，而不去依靠外界的力量就是"德"。

廿一

农历癸卯年 农历腊月十一

2024 年 1 月 21 日　星期日

成其身而天下成，治其身而天下治。

【典出】先秦《吕氏春秋·季春纪·先己》

【原文】昔者先圣王，成其身而天下成，治其身而天下治。

【释义】古代的明君成就自身，从而成就天下；端正自身，则天下井然有序。

农历癸卯年 农历腊月十二

2024 年 1 月 22 日　星期一

常制不可以待变化，一途不可以应无方，刻船不可以索遗剑。

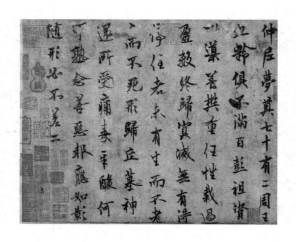

【典出】晋·葛洪《抱朴子·广譬》

【原文】常制不可以待变化，一途不可以应无方，刻船不可以索遗剑，胶柱不可以谐清音。故翠盖不设于晴朗，朱轮不施于涉川，味淡则加之以盐，沸溢则增水而减火。

【释义】固定不变的方法，无法应对千变万化的问题；单一不变的道路，无法抵达无穷的目的地；在行进的船舷刻记号，也找不到落入水中的宝剑。喻应因时而动、因势而谋，不能抱残守缺、裹足不前。

廿三

农历癸卯年 农历腊月十三

2024 年 1 月 23 日　星期二

长安复携手，再顾重千金。

【典出】唐·李白《赠崔侍郎》

【原文】同引用。

【释义】在长安，再次携手言欢；这情谊，价值胜于千金。

农历癸卯年 农历腊月十四

2024 年 1 月 24 日　星期三

草木植成，国之富也。

【典出】先秦《管子·立政》

【原文】山泽救于火，草木植成，国之富也。

【释义】山泽能够防止火灾，草木繁茂，国家就能富足。

廿
五

农历癸卯年 农历腊月十五

2024 年 1 月 25 日　星期四

操其要于上，而分其详于下。

【典出】南宋·陈亮《论执要之道》

【原文】臣愿陛下操其要于上，而分其详于下。

【释义】领导者要学会观照全局、抓住要领，把具体事务分解给下属去落实。

农历癸卯年 农历腊月十六

2024 年 1 月 26 日　星期五

诚者，天之道也；思诚者，人之道也。

【典出】先秦《孟子·离娄上》

【原文】同引用。

【释义】诚实无伪，是上天的法则；做到诚实无伪，是做人应实践的道理。

农历癸卯年 农历腊月十七

2024 年 1 月 27 日　星期六

才者，德之资也；德者，才之帅也。

【典出】北宋·司马光《资治通鉴·周纪一》
【原文】同引用。
【释义】才学是品德的辅助，品德是才学的统帅。

廿八

农历癸卯年 农历腊月十八

2024 年 1 月 28 日　星期日

驰命走驿，不绝于时月。

【典出】南北朝·范晔等《后汉书·西域传》

【原文】驰命走驿，不绝于时月；商胡贩客，日款于塞下。

【释义】送信的、传达命令的，每月不断（形容当时西域经济文化交流繁盛的景象）。

农历癸卯年 农历腊月十九

2024 年 1 月 29 日　星期一

诚于中者，形于外。

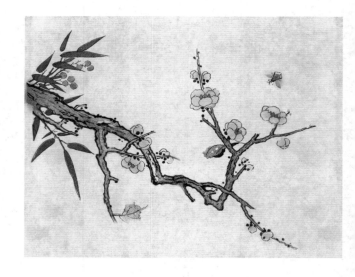

【典出】先秦《礼记·大学》
【原文】诚于中，形于外，故君子必慎其独也。
【释义】一个人如果内心真诚，外表就能看出来。

农历癸卯年 农历腊月二十

2024 年 1 月 30 日　星期二

操千曲而后晓声，观千剑而后识器。

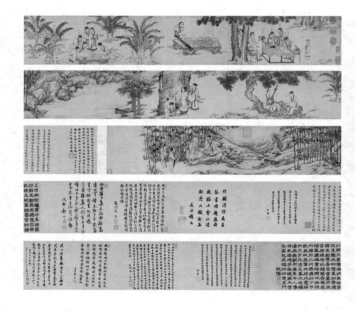

【典出】南北朝·刘勰《文心雕龙·知音》

【原文】凡操千曲而后晓声，观千剑而后识器。故圆照之象，务先博观。

【释义】演奏上千首乐曲才能懂得音乐，观察过上千把宝剑才能知道如何识别剑器。

廿一

农历癸卯年 农历腊月廿一

2024 年 1 月 31 日 星期三

二月

2024年·农历甲辰年

天地风霜尽，乾坤气象和。

历添新岁月，春满旧山河。

梅柳芳容徲，松篁老态多。

屠苏成醉饮，欢笑白云窝。

——《己酉新正》【明】叶颙

潮平两岸阔，风正一帆悬。

【典出】唐·王湾《次北固山下》

【原文】客路青山外，行舟绿水前。潮平两岸阔，风正一帆悬。

【释义】潮水涨满，两岸与江水齐平，江面开阔，船帆迎风
高高悬挂。

一日

农历癸卯年 农历腊月廿二

2024 年 2 月 1 日　星期四

从善如登，从恶如崩。

【典出】先秦·左丘明《国语·周语下》

【原文】同引用。

【释义】学好难如登山，学坏易似山崩。

农历癸卯年 农历腊月廿三

2024 年 2 月 2 日　星期五

踔厉奋发。

【典出】唐·韩愈《柳子厚墓志铭》

【原文】议论证据今古，出入经史百子，踔厉风发，常率屈
其座人。

【释义】精神振作，意气风发。

农历癸卯年 农历腊月廿四

2024 年 2 月 3 日　星期六

仓廪实而知礼节，衣食足而知荣辱。

【典出】西汉·司马迁《史记·管晏列传》

【原文】仓廪实而知礼节，衣食足而知荣辱，上服度则六亲固。

【释义】粮仓充实，民众就知道礼节；衣食饱暖，民众就懂得荣辱。

立春

农历癸卯年 农历腊月廿五

2024 年 2 月 4 日　星期日

出乎史，入乎道。欲知大道，必先为史。

【典出】清·龚自珍《尊史》

【原文】同引用。

【释义】要跳出纷繁的史料，才能了解历史发展的大道。要想懂得根本道理，必须研究历史。

五
日

农历癸卯年 农历腊月廿六

2024 年 2 月 5 日　星期一

大音希声，大象无形。

【典出】先秦·老子《道德经·第四十一章》

【原文】大方无隅；大器晚成；大音希声；大象无形。

【释义】最大的声响，反而无声无息；最大的形象，反而没有形状。

农历癸卯年 农历腊月廿七

2024 年 2 月 6 日　星期二

大海之阔，非一流之归也。

【典出】明·冯梦龙《东周列国志》

【原文】臣闻大厦之成，非一木之材也；大海之阔，非一流之归也。

【释义】大海之所以辽阔，不能仅靠一条河水注入。

农历癸卯年 农历腊月廿八

2024 年 2 月 7 日　星期三

道虽迩，不行不至；事虽小，不为不成。

【典出】先秦《荀子·修身》
【原文】同引用。
【释义】路再近，不迈开腿也到不了；事再小，不认真做也成不了。

农历癸卯年 农历腊月廿九

2024 年 2 月 8 日　星期四

德之所在，天下归之；
义之所在，天下赴之。

【典出】先秦《六韬》

【原文】免人之死，解人之难，救人之患，济人之急者，德也；德之所在，天下归之。与人同忧同乐、同好同恶者，义也；义之所在，天下赴之。

【释义】仁德、道义之所在，可使天下人心归附。

农历癸卯年 农历腊月三十
除　夕

2024 年 2 月 9 日　星期五

但愿苍生俱饱暖，不辞辛苦出山林。

【典出】明·于谦《咏煤炭》

【原文】凿开混沌得乌金，藏蓄阳和意最深。
爝火燃回春浩浩，洪炉照破夜沉沉。
鼎彝元赖生成力，铁石犹存死后心。
但愿苍生俱饱暖，不辞辛苦出山林。

【释义】只希望百姓能吃饱穿暖，历尽辛苦运出山林都在所不辞。

农历甲辰年 农历正月初一
春　节

2024 年 2 月 10 日　星期六

当官之法，惟有三事：曰清、曰慎、曰勤。

【典出】南宋·吕本中《官箴》

【原文】当官之法，惟有三事：曰清、曰慎、曰勤。知此三者，可以保禄位，可以远耻辱，可以得上之知，可以得下之援。

【释义】当官的方法，要紧的只有三件事：清廉、谨慎、勤勉。

十一

农历甲辰年 农历正月初二

2024 年 2 月 11 日　星期日

度之往事，验之来事，
参之平素，可则决之。

【典出】先秦《鬼谷子·决篇》

【原文】圣人所以能成其事者有五：有以阳德之者，有以阴贼之者，有以信诚之者，有以蔽匿之者，有以平素之者。阳励于一言，阴励于二言，平素、枢机以用；四者微而施之。于事度之往事，验之来事，参之平素，可则决之。

【释义】用过去的经验作参照，对未来的趋势加以判断，参考平日发生的事和表现，如果可以，就抓紧决断。

农历甲辰年 农历正月初三

2024 年 2 月 12 日　星期一

德莫高于爱民，行莫贱于害民。

【典出】先秦《晏子春秋·内篇问下》
【原文】同引用。
【释义】最高尚的德行，莫过于爱民；最低贱的行为，莫过于戕害百姓。

农历甲辰年 农历正月初四

2024 年 2 月 13 日　星期二

得人者兴，失人者崩。

【典出】西汉·司马迁《史记·商君列传》
【原文】同引用。
【释义】政权如果得人心就会兴盛，失人心就会灭亡。

十四

农历甲辰年 农历正月初五
情人节

2024 年 2 月 14 日　星期三

堤溃蚁孔，气泄针芒。

【典出】东汉・范晔《后汉书・郭陈列传》

【原文】同引用。

【释义】小小的蚂蚁洞能使堤坝溃决，针芒般微细的孔眼会使气泄出。意为隐患虽小，不可不察。

农历甲辰年 农历正月初六

2024 年 2 月 15 日　星期四

大鹏之动，非一羽之轻也；
骐骥之速，非一足之力也。

【典出】东汉·王符《潜夫论·释难》
【原文】同引用。
【释义】大鹏冲天飞翔，靠的不是一根轻盈的羽毛；骏马急速奔跑，靠的不是一只脚的力量。

十
六

农历甲辰年 农历正月初七

2024 年 2 月 16 日　星期五

道德当身，故不以物惑。

【典出】先秦《管子·戒》

【原文】是故圣人上德而下功，尊道而贱物。道德当身，故不以物惑。

【释义】用道德来充实自己，就不会被外物所迷惑。

农历甲辰年 农历正月初八

2024 年 2 月 17 日　星期六

东风随春归，发我枝上花。

【典出】唐·李白《落日忆山中》

【原文】雨后烟景绿，晴天散余霞。东风随春归，发我枝上花。

【释义】雨后原野一片翠绿，烟景渺茫，晴空里余霞如同绮锦。东风伴随着春天的脚步回来了，催开了我家院内的花枝。

十
八

农历甲辰年　农历正月初九

2024 年 2 月 18 日　星期日

杜渐防萌，慎之在始。

【典出】唐·房玄龄等《晋书·王敦传》

【原文】虽功大宜报，亦宜有以裁之，当杜渐防萌，慎之在始。

【释义】应当从一开始就小心慎重，把隐患消除于开端、苗头时。

雨水

农历甲辰年 农历正月初十

2024 年 2 月 19 日　星期一

德不孤，必有邻。

【典出】先秦《论语·里仁》
【原文】同引用。
【释义】德行高尚的人不会孤单，一定会有志同道合的人与
之相伴。

廿日

农历甲辰年 农历正月十一

2024 年 2 月 20 日　星期二

大鹏一日同风起，扶摇直上九万里。

【典出】唐·李白《上李邕》
【原文】同引用。
【释义】大鹏总有一天会乘风而起，直冲九霄云外。

廿
一

农历甲辰年 农历正月十二

2024 年 2 月 21 日　星期三

独阴不成，独阳不生。

【典出】先秦《春秋穀梁传·庄公三年》
【原文】独阴不生，独阳不生，独天不生，三合然后生。
【释义】单独有阴、单独有阳、单独有天时，都不能生发。
只有阴、阳、天时三者同时具备，世间万物才能生发。喻
单一因素无法促成事物变化。

廿二

农历甲辰年 农历正月十三

2024 年 2 月 22 日　星期四

耳闻之不如目见之，目见之不如足践之。

【典出】汉·刘向《说苑·政理》

【原文】夫耳闻之，不如目见之；目见之，不如足践之。

【释义】从别人那里听来的事情，没有亲眼所见的可靠；亲眼所见，又不如实践所得。

廿三

农历甲辰年 农历正月十四

2024 年 2 月 23 日　星期五

恩德相结者，谓之知己；
腹心相照者，谓之知心。

【典出】明·冯梦龙《警世通言·俞伯牙摔琴谢知音》

【原文】恩德相结者，谓之知己；腹心相照者，谓之知心；
声气相求者，谓之知音。

【释义】施恩于人、德义相交的，可称得上知己；肝胆相照、
心心相印的，可称得上知心。

农历甲辰年 农历正月十五
元宵节

2024 年 2 月 24 日　星期六

恶言不出于口，忿言不返于身。

【典出】汉《礼记·祭义》

【原文】壹出言而不敢忘父母，是故恶言不出于口，忿言不反于身。

【释义】自己不对人口出恶言，他人忿恨恼怒的言语就不会反加诸己。

廿

五

农历甲辰年 农历正月十六

2024 年 2 月 25 日　星期日

犯其至难而图其至远。

【典出】宋·苏轼《思治论》

【原文】古之人，有犯其至难而图其至远者，彼独何术也?

【释义】古代那些成功的人，他们能向最难处攻坚，追求最远大的目标，靠的是什么呢?

农历甲辰年 农历正月十七

2024 年 2 月 26 日　星期一

法非从天下，非从地出，发于人间，合乎人心而已。

【典出】先秦《慎子·逸文》
【原文】同引用。
【释义】法律不是从天而降，也并非地里长出，它产生于人间，符合人情人心。

廿
七

农历甲辰年 农历正月十八

2024 年 2 月 27 日　星期二

法度者，正之至也。

【典出】先秦《黄帝四经·经法·君正》

【原文】法度者，正之至也。而以法度治者，不可乱也。而生法度者，不可乱也。精公无私而赏罚信，所以治也。

【释义】法令制度必须至公至正，以法度治国不能任意妄为，创立法度不能随意为之。秉公办事，不徇私情，赏罚分明，才能取信于众，也才能治理清明。

农历甲辰年 农历正月十九

2024 年 2 月 28 日　星期三

法者，国之权衡也，时之准绳也。

【典出】唐·吴兢《贞观政要·公平》

【原文】法，国之权衡也，时之准绳也。权衡所以定轻重，准绳所以正曲直。

【释义】法律是治国的度量衡，是时代的准绳。权衡用来定轻重，准绳用来校曲直。

农历庚子年 农历正月二十

2020 年 2 月 29 日 星期四

三月

天街小雨润如酥，
草色遥看近却无。
最是一年春好处，
绝胜烟柳满皇都。

——《早春呈水部张十八员外

（其一）》【唐】韩愈

奉公如法则上下平。

【典出】汉·司马迁《史记·廉颇蔺相如列传》

【原文】以君之贵，奉公如法则上下平，上下平则国强。

【释义】以平原君您的尊贵地位，如果能表率守法，那么上下各层级就都能奉法均平，这样国家就能强盛。

一

日

农历甲辰年 农历正月廿一

2024 年 3 月 1 日　星期五

反听之谓聪，内视之谓明，自胜之谓强。

【典出】汉·司马迁《史记·商君列传》

【原文】商君曰："子不说吾治秦与？"赵良曰："反听之谓聪，内视之谓明，自胜之谓强。"

【释义】能听取别人意见的叫作聪明，能自我反省的叫作明智，能克制、战胜自己的叫作强者。

二
日

农历甲辰年 农历正月廿二

2024 年 3 月 2 日　星期六

非尽百家之美，不能成一人之奇。

【典出】清·刘开《与阮芸台宫保论文书》

【原文】非尽百家之美，不能成一人之奇；非取法至高之境，不能开独造之域。

【释义】不尽学各家之所长，就无法形成自己的特色风格；不效法最高境界的作品，便无法开创自己独特的领域。

农历甲辰年 农历正月廿三

2024 年 3 月 3 日　星期日

夫孝，德之本也。

【典出】先秦《孝经》
【原文】夫孝，德之本也，教之所由生也。
【释义】孝敬父母，一切德行的根本。

农历甲辰年 农历正月廿四

2024 年 3 月 4 日　星期一

富有之谓大业，日新之谓盛德。

【典出】先秦《周易·系辞上传》

【原文】富有之谓大业，日新之谓盛德，生生之谓易，成象
之谓乾，效法之谓坤，极数知来之谓占，通变之谓事，阴
阳不测之谓神。

【释义】广泛创造物质财富和精神财富叫作宏大功业，持续
永远的日日增新叫作盛美德行。

惊蛰

农历甲辰年 农历正月廿五

2024 年 3 月 5 日　星期二

法之不行，自于贵戚。

【典出】汉·司马迁《史记·秦本纪》

【原文】鞅之初为秦施法，法不行，太子犯禁。鞅曰："法之不行，自于贵戚。君必欲行法，先于太子。太子不可黥，黥其傅师。"

【释义】新法不能推行，阻力首先来自皇亲国戚。

农历甲辰年 农历正月廿六

2024 年 3 月 6 日　星期三

凡将立国，制度不可不察也。

【典出】先秦《商君书·壹言》

【原文】凡将立国，制度不可不察也，治法不可不慎也，国务不可不懂也，事本不可不抟也。

【释义】凡是要国本牢固，必须认真考虑制度，慎重对待治国法令，严谨处理国家政务，集中精力专治根本大事。

农历甲辰年 农历正月廿七

2024 年 3 月 7 日　星期四

凡制国治军，必教之以礼，励之以义。

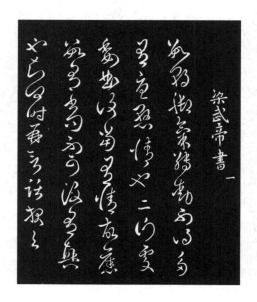

【典出】先秦《吴子·图国》

【原文】凡制国治军，必教之以礼，励之以义，使有耻也。夫人有耻，在大足以战，在小足以守矣。

【释义】治国治军，必须用礼来教育人，用义来勉励人，使人明辨荣辱、知耻尚勇。人们有了勇气和荣辱心，力量强大可以出征作战，力量弱小也能坚守阵地。

农历甲辰年 农历正月廿八

妇女节

2024 年 3 月 8 日　星期五

法者，所以兴功惧暴也。

【典出】先秦《管子》

【原文】法者，所以兴功惧暴也；律者，所以定分止争也；令者，所以令人知事也。

【释义】法律政令具有惩恶扬善、确定权利义务归属、解决纠纷、禁止暴力、维护秩序等作用。

九
日

农历甲辰年 农历正月廿九

2024 年 3 月 9 日　星期六

法立，有犯而必施；令出，唯行而不返。

【典出】唐·王勃《上刘右相书》

【原文】同引用。

【释义】法律一经订立，凡有违犯者，必须惩治；命令一经发出，只有坚决执行，决不能违反。

农历甲辰年 农历二月初一

2024 年 3 月 10 日　星期日

法者，治之端也。

【典出】先秦《荀子·君道》

【原文】法者，治之端也；君子者，治之原也。

【释义】制定法律，是治理国家的开端；君子（良好素质的队伍），是推行法治的根本。

农历甲辰年 农历二月初二

2024 年 3 月 11 日　星期一

非学无以广才，非志无以成学。

【典出】三国·诸葛亮《诫子书》

【原文】夫君子之行，静以修身，俭以养德。非淡泊无以明志，非宁静无以致远。夫学须静也，才须学也，非学无以广才，非志无以成学。

【释义】不学习就难以增长才干，不立志就难以学有所成。

农历甲辰年 农历二月初三

植树节

2024 年 3 月 12 日　星期二

夫道不欲杂，杂则多，多则扰，扰则忧，忧而不救。

【典出】先秦《庄子·人间世》
【原文】同引用。
【释义】修道不宜心杂，心杂就会多虑，多虑就会自扰，自扰就会招致忧患，忧患降临也就自身难保。

农历甲辰年 农历二月初四

2024 年 3 月 13 日　星期三

凡交，近则必相靡以信，远则必忠之以言。

【典出】先秦《庄子·人间世》

【原文】同引用。

【释义】凡是交往，对于身边的朋友，一定要相互信任；对于远方的朋友，一定要忠实于自己的诺言。

十四

农历甲辰年 农历二月初五

2024 年 3 月 14 日　星期四

反听之谓聪，内视之谓明，自胜之谓强。

【典出】西汉·司马迁《史记·商君列传》

【原文】同引用。

【释义】能够从不同政见的人那里听取意见并得出正确结论的人就是聪，能够看透表面现象而悟到内在本质的人就是明，能够克制自己不良欲望并不断超越自己的人就是强。

农历甲辰年 农历二月初六

2024 年 3 月 15 日　星期五

苟利于民，不必法古；
苟周于事，不必循俗。

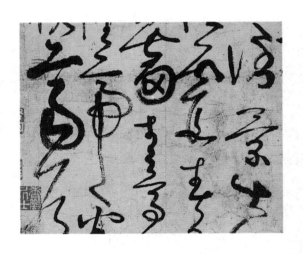

【典出】西汉·刘安等《淮南子·氾论训》

【原文】故圣人制礼乐，而不制于礼乐。治国有常，而利民为本；政教有经，而令行为上。苟利于民，不必法古；苟周于事，不必循旧。

【释义】如果能使百姓获益，不必效法古代的规定；如果能把事做得完美，就不必遵循旧的法则。

农历甲辰年 农历二月初七

2024 年 3 月 16 日　星期六

国无常强，无常弱。奉法者强则国强，奉法者弱则国弱。

【典出】先秦《韩非子·有度》
【原文】同引用。
【释义】国家不会永远富强，也不会长久贫弱。执行法度的人坚决，国家就会富强；执行法度的人软弱，国家就会贫弱。

农历甲辰年 农历二月初八

2024 年 3 月 17 日　星期日

功崇惟志，业广惟勤。

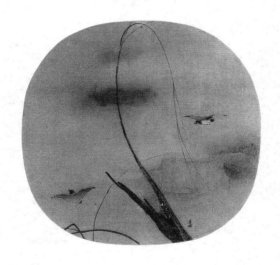

【典出】先秦《尚书·周书·周官》

【原文】王曰："呜呼！凡我有官君子，钦乃攸司，慎乃出令，令出惟行，弗惟反。以公灭私，民其允怀。学古入官，议事以制，政乃不迷……戒尔卿士，功崇惟志，业广惟勤，惟克果断，乃罔后艰……"

【释义】取得伟大的功绩，在于志向远大；完成伟大的事业，在于工作勤奋。

十八

农历甲辰年 农历二月初九

2024 年 3 月 18 日　星期一

国之称富者，在乎丰民。

【典出】三国·钟会《刍荛论》

【原文】国之称富者，在乎丰民，非独谓府库盈、仓廪实也。且府库盈、仓廪实，非上天所降，皆取资于民，民困国虚矣。

【释义】一个国家的真正富裕，不单指国库充盈、粮仓充足，还指人民富裕。

农历甲辰年 农历二月初十

2024 年 3 月 19 日　星期二

观众器者为良匠，观众病者为良医。

【典出】南宋·叶适《法度总论》

【原文】同引用。

【释义】观察过多种器物的人，才能称为优秀的工匠；查看过多种疾病的人，才能称为好的医生。

农历甲辰年 农历二月十一

2024 年 3 月 20 日　星期三

古之立大事者，不惟有超世之才，亦必有坚忍不拔之志。

【典出】北宋·苏轼《晁错论》

【原文】同引用。

【释义】古代有成就的人，不光有卓越的能力，还有坚忍不拔的志气。

廿一

农历甲辰年 农历二月十二

2024 年 3 月 21 日　星期四

古之为政，爱人为大。

【典出】汉《礼记·哀公问》
【原文】古之为政，爱人为大，所以治。
【释义】古代圣王为政，以仁爱民众作为头等大事，因此治理昌明。

农历甲辰年 农历二月十三

2024 年 3 月 22 日　星期五

国家之败，由官邪也。

【典出】先秦《左传·桓公二年》

【原文】国家之败，由官邪也；官之失德，宠赂章也。

【释义】国家衰败，是因为官吏队伍行为不端；官僚队伍丧德腐败，是因为国君偏宠和贿赂公行。

廿三

农历甲辰年 农历二月十四

2024 年 3 月 23 日　星期六

观今宜鉴古，无古不成今。

【典出】明《增广贤文》

【原文】昔时贤文，诲汝谆谆，集韵增广，多见多闻。观今宜鉴古，无古不成今。

【释义】观察今天的事情，应该借鉴过去的历史；没有过去，就没有今天。

廿四

农历甲辰年 农历二月十五

2024 年 3 月 24 日　星期日

盖有非常之功，必待非常之人。

【典出】东汉·班固《汉书·武帝纪第六》

【原文】同引用。

【释义】要建立不寻常的功业，必须依靠不寻常的人才。

廿

五

农历甲辰年 农历二月十六

2024 年 3 月 25 日　星期一

国有贤良之士众，则国家之治厚；贤
良之士寡，则国家之治薄。

【典出】先秦《墨子·尚贤》
【原文】同引用。
【释义】国家拥有贤良的人多了，国家的治理就会坚实；贤
良的人少了，国家的治理就会薄弱。

廿六

农历甲辰年 农历二月十七

2024 年 3 月 26 日　星期二

感人心者，莫先乎情。

【典出】唐·白居易《与元九书》

【原文】感人心者，莫先乎情，莫始乎言，莫切乎声，莫深乎义。

【释义】能够感动人心的事物，没有比情感更优先的。

廿七

农历甲辰年 农历二月十八

2024 年 3 月 27 日　星期三

国以民为本，社稷亦为民而立。

【典出】南宋·朱熹《孟子集注·尽心章句下》
【原文】同引用。
【释义】国家以人民为根本，社稷也是为民设立的。

农历甲辰年 农历二月十九

2024 年 3 月 28 日　星期四

躬自厚而薄责于人，则远怨矣。

【典出】先秦《论语·卫灵公》
【原文】同引用。
【释义】重于厚责自己而轻于责人，那就可以避免别人的怨恨了。

廿九

农历甲辰年 农历二月二十

2024 年 3 月 29 日　星期五

国势之强由于人，人材之成出于学。

【典出】清·张之洞《吁请修备储才折》
【原文】同引用。
【释义】国家的强盛要靠人才，人才的培养要靠教育。

农历甲辰年 农历二月廿一

2024 年 3 月 30 日　星期六

国将兴，听于民；将亡，听于神。

【典出】先秦·左丘明《左传·庄公三十二年》

【原文】虢其亡乎。吾闻之，国将兴，听于民；将亡，听于神。神，聪明正直而壹者也，依人而行。虢多凉德，其何土之能得？

【释义】国家将要兴旺，君主会听从民众的呼声；将要灭亡，会听从神的安排。

廿一

农历甲辰年 农历二月廿二

2024 年 3 月 31 日　星期日

月

2024年·农历甲辰年

人间四月芳菲尽，
山寺桃花始盛开。
长恨春归无觅处，
不知转入此中来。

——《大林寺桃花》【唐】白居易

甘瓜抱苦蒂，美枣生荆棘。

【典出】汉·无名氏《古诗二首》

【原文】甘瓜抱苦蒂，美枣生荆棘。利旁有倚刀，贪人还自贼。

【释义】再甘甜的瓜，其所连接的瓜蒂都是苦的；再美味的枣子，都长在荆棘上。

一日

农历甲辰年 农历二月廿三

2024 年 4 月 1 日　星期一

观乎天文，以察时变；观乎人文，以化成天下。

【典出】先秦《周易·贲卦·象传》
【原文】同引用。
【释义】观察天道运行规律，以认知时节的变化。注重人事伦理道德，用教化推广于天下。

农历甲辰年 农历二月廿四

2024 年 4 月 2 日　星期二

苟利社稷，死生以之。

【典出】先秦《左传·昭公四年》

【原文】子产曰：苟利社稷，死生以之。

【释义】如果有利于国家，我将置生死而不顾。

三
日

农历甲辰年 农历二月廿五

2024 年 4 月 3 日　星期三

祸患常积于忽微，而智勇多困于所溺。

【典出】北宋·欧阳修《伶官传序》

【原文】同引用。

【释义】人做事常常因为不注意小节而生出祸端，聪明勇敢的人多因沉溺于某种嗜好而陷入困境。

清

明

农历甲辰年 农历二月廿六
清明节

2024 年 4 月 4 日　星期四

合天下之众者财，理天下之财者法。

【典出】北宋·王安石《度支副使厅壁题名记》
【原文】夫合天下之众者财，理天下之财者法，守天下之法者吏也。吏不良，则有法而莫守；法不善，则有财而莫理。
【释义】能聚合天下之民众的是财富，治理天下财富的是法令。

五日

农历甲辰年 农历二月廿七

2024 年 4 月 5 日　星期五

祸几始作，当杜其萌；
疾证方形，当绝其根。

【典出】南宋·何坦《西畴常言》

【原文】故祸几始作，当杜其萌；疾证方形，当绝其根。讳乱而不早治者，危其国；讳病而不亟疗者，亡其身。

【释义】杜绝祸患当于其萌发之时，斩断病根当于其形成之际。若文过饰非、讳疾忌医，则会招致国危身亡。

农历甲辰年 农历二月廿八

2024 年 4 月 6 日　星期六

后生可畏，焉知来者之不如今也？

【典出】先秦《论语·子罕》

【原文】子曰："后生可畏，焉知来者之不如今也？四十、五十而无闻焉，斯亦不足畏也已。"

【释义】年轻人是值得敬畏的，怎么知道后起的一代就不如现在的人呢？

农历甲辰年 农历二月廿九

2024 年 4 月 7 日　星期日

浩渺行无极，扬帆但信风。

【典出】唐·尚颜《送朴山人归新罗》
【原文】浩渺行无极，扬帆但信风。
云山过海半，乡树入舟中。
波定遥天出，沙平远岸穷。
离心寄何处，目击曙霞东。
【释义】广阔无垠的大海没有尽头，扬起风帆向着目的地御
风而行。

农历甲辰年 农历二月三十

2024 年 4 月 8 日　星期一

和羹之美，在于合异。

【典出】西晋·陈寿《三国志·诸夏侯曹传》

【原文】夫和羹之美，在于合异；上下之益，在能相济。

【释义】制作羹汤的美味，在于调和各种不同的滋味，上下之间之所以能够相互获益，在于能够相互帮助和促进。

九日

农历甲辰年 农历三月初一

2024 年 4 月 9 日　星期二

财成天地之道，辅相天地之宜。

【典出】先秦《周易·泰·象》

【原文】天地交，泰。后以财成天地之道，辅相天地之宜，以左右民。

【释义】体察天地相交相宜之道，以裁制施政的方法，使民得以用天时地利。

农历甲辰年 农历三月初二

2024 年 4 月 10 日　星期三

合则强，孤则弱。

【典出】先秦《管子·霸言》

【原文】夫轻重强弱之形，诸侯合则强，孤则弱。

【释义】各国能够联合起来就强大，彼此孤立就弱小。

农历甲辰年 农历三月初三

2024 年 4 月 11 日　星期四

合抱之木，生于毫末；
九层之台，起于累土。

【典出】先秦·老子《道德经·第六十四章》

【原文】合抱之木，生于毫末；九层之台，起于累土；千里之行，始于足下。

【释义】合抱的大树，生长于细小的萌芽；九层的高台，筑起于每一堆泥土；千里的远行，是从脚下第一步开始走出来的。

十

二

农历甲辰年 农历三月初四

2024 年 4 月 12 日　星期五

好风凭借力，送我上青云。

【典出】清·曹雪芹《临江仙·柳絮》

【原文】同引用。

【释义】愿凭借东风的力量，把我送上碧蓝的云天！

十三

农历甲辰年 农历三月初五

2024 年 4 月 13 日　星期六

辉光所烛，万里同晷。

【典出】东汉·班固《汉书·李寻传》

【原文】夫日者，众阳之长，辉光所烛，万里同晷，人君之表也。

【释义】阳光普照大地万物，投下的都是同样的影子。

农历甲辰年 农历三月初六

2024 年 4 月 14 日　星期日

海内存知己，天涯若比邻。

【典出】唐·王勃《送杜少府之任蜀州》
【原文】同引用。
【释义】只要四海之内有知心朋友，即使远在天边也好像近在眼前。

十五

农历甲辰年 农历三月初七

2024 年 4 月 15 日　星期一

将在谋而不在勇，兵在精而不在多。

【典出】明·冯梦龙《古今小说》

【原文】同引用。

【释义】当将领的关键在谋略而不在勇力，兵要精干不在多。

农历甲辰年 农历三月初八

2024 年 4 月 16 日　星期二

泾溪石险人兢慎，终岁不闻倾覆人。
却是平流无石处，时时闻说有沉沦。

【典出】唐·杜荀鹤《泾溪》

【原文】同引用。

【释义】人在泾溪险石上行走时总是战战兢兢、小心谨慎，所以一年到头没有人掉入水中；而恰是在平坦无险处，却常有落水的事件发生。

十七

农历甲辰年 农历三月初九

2024 年 4 月 17 日　星期三

济大事者，必以人为本。

【典出】西晋·陈寿《三国志·蜀书·先主传》

【原文】先主曰：夫济大事，必以人为本，今人归吾，吾何忍弃去！

【释义】（刘备为曹操所逐，有人劝刘备放弃尾随缓行的民众，急行军与关羽会合）刘备说："要成就一番大事业，必须以百姓为本，现在这些老百姓来投奔我，我怎么忍心弃他们而去？"

农历甲辰年 农历三月初十

2024 年 4 月 18 日　星期四

积土而为山，积水而为海。

【典出】先秦《荀子·儒效》

【原文】故积土而为山，积水而为海，旦暮积谓之岁，至高
谓之天，至下谓之地，宇中六指谓之极，涂之人百姓积善
而全尽谓之圣人。

【释义】把土堆积起来可以形成高山，把水汇聚起来可以
形成大海。一天一天的积累叫作年，最高的地方是天，最
低的地方是地，宇宙中上、下、东、西、南、北六个方向
称为极，普通百姓积累善行，达到完美的程度就可以成为
圣人。

农历甲辰年 农历三月十一

2024 年 4 月 19 日　星期五

禁微则易，救末者难。

【典出】南北朝·范晔等《后汉书·桓荣丁鸿列传》

【原文】禁微则易，救末者难，人莫不忽于微细，以致其大。

【释义】在萌芽阶段抑制不良之事很容易，等到酿成大祸时再来挽救就困难了。人都是忽视细微的小事，才导致更大的过失。

农历甲辰年 农历三月十二

2024 年 4 月 20 日　星期六

经国序民，正其制度。

【典出】东汉·荀悦《前汉纪·孝武皇帝纪一》

【原文】是以圣王在上，经国序民，正其制度。

【释义】所以圣明的君主在位时，治理国家，整顿百姓，严明有关制度。

农历甲辰年 农历三月十三

2024 年 4 月 21 日　星期日

艰难困苦，玉汝于成。

【典出】北宋·张载《西铭》

【原文】贫贱忧戚，庸玉汝于成也。

【释义】种种艰苦难挨的外部条件、坎坷挫折虽然会让人痛苦，但往往也能像打磨玉石一样磨砺人的意志，使人完善、终有所成。

廿二

农历甲辰年 农历三月十四

2024 年 4 月 22 日　星期一

君子爱人以德，小人爱人以姑息。

【典出】汉《礼记·檀弓》

【原文】君子之爱人也以德，细人之爱人也以姑息。

【释义】君子按道德标准去爱护人，而小人只会对人姑息迁就。

廿三

农历甲辰年 农历三月十五

2024 年 4 月 23 日 星期二

君子之德风，小人之德草，草上之风
必偃。

【典出】先秦《论语·颜渊》

【原文】同引用。

【释义】君子的道德品质好比是风，小人的道德品质好比是草，当风吹到草上面的时候，草就必定跟着倒。

农历甲辰年 农历三月十六

2024 年 4 月 24 日　星期三

君子用人如器，各取所长。古之致治者，岂借才于异代乎？

【典出】北宋·司马光《资治通鉴》

【原文】同引用。

【释义】用人跟用器物一样，每一种东西都要选用它的长处。古往今来能使国家达到大治的帝王，难道是向别的朝代去借人才来用的吗？

四 月

农历甲辰年 农历三月十七

2024 年 4 月 25 日　星期四

举大德赦小过，无求备于一人。

【典出】东汉·班固《汉书·东方朔传》
【原文】同引用。
【释义】注重一个人的优秀品质，原谅他一些微小的过失，对于任何人都不必求全责备。

廿六

农历甲辰年 农历三月十八

2024 年 4 月 26 日　星期五

骏马能历险，力田不如牛。
坚车能载重，渡河不如舟。

【典出】清·顾嗣协《杂兴八首》

【原文】同引用。

【释义】骏马能长途奔驰跨越艰难险阻，但要论耕田，就
比不上牛了；坚固的车子能负载很重的东西，但若要渡河，
就比不上船了。这段话形象地告诉我们，物各有利弊、人
各有长短，只有扬长避短、因材施用，才能人尽其才、物
尽其用。

廿七

农历甲辰年 农历三月十九

2024 年 4 月 27 日　星期六

究天人之际，通古今之变。

【典出】西汉·司马迁《报任安书》

【原文】亦欲以究天人之际，通古今之变，成一家之言。

【释义】探究自然现象与人类社会之间的关系，通晓古往今来社会的演变进程，以形成自己独到的理论学说。

四月

农历甲辰年 农历三月二十

2024 年 4 月 28 日　星期日

既以为人，己愈有；既以与人，己愈多。

【典出】先秦·老子《道德经·第八十一章》

【原文】圣人不积，既以为人，己愈有；既以与人，己愈多。天之道，利而不害。圣人之道，为而不争。

【释义】圣人不存占有之心，而是尽力照顾别人，他自己也更为充足；他尽力给予别人，自己反而更丰富。自然的规律是让万事万物都得到好处，而不伤害它们。圣人的行为准则是，去做事，但不争。

廿九

农历甲辰年 农历三月廿一

2024 年 4 月 29 日　星期一

积善之家，必有余庆；积不善之家，必有余殃。

【典出】先秦《周易·坤·文言》
【原文】同引用。
【释义】家风好，就能家道兴盛、和顺美满；家风差，难免殃及子孙、贻害社会。

农历甲辰年 农历三月廿二

2024 年 4 月 30 日　星期二

五月

2024年·农历甲辰年

谷口春残黄鸟稀，
辛夷花尽杏花飞。
始怜幽竹山窗下，
不改清阴待我归。

——《暮春归故山草堂》

【唐】钱起

经师易求，人师难得。

【典出】唐·令狐德棻等《周书·卢诞传》

【原文】同引用。

【释义】找一个只是传授知识的老师很容易，找一个教你怎么做人且以自己的行为加以示范的老师却很难。

五　月

农历甲辰年 农历三月廿三

劳动节

2024 年 5 月 1 日　星期三

不党父兄，不偏贵富，不嬖颜色。

【典出】先秦《墨子·尚贤》

【原文】故古者圣王甚尊尚贤而任使能，不党父兄，不偏贵富，不嬖颜色。贤者举而上之，富而贵之，以为官长，不肖者抑而废之，贫而贱之，以为徒役。

【释义】不偏袒亲人，不偏向有权有势的人，不看重美色。

农历甲辰年 农历三月廿四

2024 年 5 月 2 日 星期四

见善如不及，见不善如探汤。

【典出】先秦《论语·季氏》

【原文】子曰："见善如不及，见不善如探汤。吾见其人矣，吾闻其语矣。隐居以求其志，行义以达其道。吾闻其语矣，未见其人也。"

【释义】看到善的行为，就唯恐自己达不到；看到不善的行为，就好像把手伸到开水中一样，赶快避开。

农历甲辰年 农历三月廿五

2024 年 5 月 3 日　星期五

救奢必于俭约，拯薄无若敦厚。

【典出】南北朝·范晔等《后汉书·郎顗襄楷列传》

【原文】夫救奢必于俭约，拯薄无若敦厚，安上理人，莫善于礼。

【释义】改正奢侈的风气必须从提倡俭省节约着手，纠正轻浮的习俗莫过于推崇诚实忠厚的风气。

农历甲辰年 农历三月廿六

青年节

2024 年 5 月 4 日　星期六

浇风易渐，淳化难归。

【典出】唐·王勃《上刘右相书》
【原文】是知源洁则流清，形端则影直，大道起而仁义息，神化周而市狱定。虽复体元立教，眚灾耀知远之书；顺时宰物，宥罪发精微之典。而况浇风易渐，淳化难归？孔明耿介于当朝，子舆殷勤于易箦，盖有由也。
【释义】浮薄的风气容易蔓延，淳厚的风尚难以回归。

立夏

农历甲辰年 农历三月廿七

2024 年 5 月 5 日　星期日

积羽沉舟，群轻折轴。

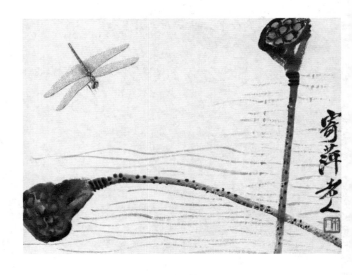

【典出】西汉·刘向（编订）《战国策·魏策一》

【原文】臣闻积羽沉舟，群轻折轴，众口铄金，故愿大王之熟计之也。

【释义】羽毛虽轻，积聚多了，也能把船压沉；物品虽轻，装载多了，也可以折断车轴。

农历甲辰年 农历三月廿八

2024 年 5 月 6 日　星期一

敬教劝学，建国之大本；
兴贤育才，为政之先务。

【典出】明·朱舜水《朱舜水集·劝兴》
【原文】同引用。
【释义】重视教育鼓励学习，是建立国家的根本；重视贤良培养人才，是国家治理的首要任务。

农历甲辰年 农历三月廿九

2024 年 5 月 7 日　星期二

竭泽而渔，岂不获得，而明年无鱼；焚薮而田，岂不获得，而明年无兽。

【典出】《吕氏春秋·义赏》

【原文】同引用。

【释义】把水排尽来捕鱼，怎么可能捕不到？但是明年就没有鱼了；烧毁树林来打猎，怎么可能打不到？但是明年就没有野兽了。对自然要取之以时、取之有度。

农历甲辰年 农历四月初一

2024 年 5 月 8 日　星期三

积力之所举，则无不胜也；
众智之所为，则无不成也。

【典出】汉·刘安等《淮南子·主术训》

【原文】君人者不下庙堂之上，而知四海之外者，因物以识物，因人以知人也。故积力之所举，则无不胜也；众智之所为，则无不成也。

【释义】凝聚集体力量干事情，就没有不胜利的；会集大家的智慧所采取的行动，就没有不成功的。

九日

农历甲辰年 农历四月初二

2024 年 5 月 9 日　星期四

君子有三鉴。

【典出】唐·魏徵等《群书治要·申鉴》

【原文】君子有三鉴：鉴乎前，鉴乎人，鉴乎镜。前惟训，人惟贤，镜惟明。

【释义】君子有三种借鉴：前事、他人和铜镜。借鉴前事，可获取历史教训；借鉴他人，可以见贤思齐；借鉴铜镜，可以看清楚自己。

十日

农历甲辰年 农历四月初三

2024 年 5 月 10 日　星期五

君子心有所定，计有所守。

【典出】唐·魏徵等《群书治要·体论》

【原文】君子心有所定，计有所守；智不务多，务行其所知；行不务多，务审其所由。

【释义】君子心性有所依托，谋划有所坚守。智谋不务求很多，但一定是践行他所懂得的；做事情不务求很多，但一定要明白为什么来做。

十一

农历甲辰年 农历四月初四

2024 年 5 月 11 日　星期六

君子耳不听淫声，目不视邪色，口不出恶言。

【典出】先秦《荀子·乐论》

【原文】同引用。

【释义】品行端正的人耳朵不聆听靡靡之音，眼睛不注视不该看的美貌，嘴巴不说出不当的语言。

十二

农历甲辰年 农历四月初五

母亲节

2024 年 5 月 12 日　星期日

君子之学进于道，小人之学进于利。

【典出】隋·王通《中说·天地篇》
【原文】同引用。
【释义】君子做学问是要在道德上有所长进，小人做学问是
要在营谋私利方面更进一步。

五月

农历甲辰年 农历四月初六

2024 年 5 月 13 日　星期一

君子以义相褒，小人以利相欺。

【典出】汉·陆贾《新语·道基》

【原文】君子以义相褒，小人以利相欺，愚者以力相乱，贤者以义相治。

【释义】君子依据道义相互赞扬，小人为了私利相互欺诈。

农历甲辰年 农历四月初七

2024 年 5 月 14 日　星期二

君子不患位之不尊，而患德之不崇；不耻禄之不夥，而耻智之不博。

【典出】南北朝·范晔等《后汉书·张衡列传》

【原文】同引用。

【释义】不要担心职位不够高，而应该想想自己的道德是不是完善；不要以自己的收入不够高而感到耻辱，而应该想想自己的学识够不够渊博。

农历甲辰年 农历四月初八

2024 年 5 月 15 日　星期三

兼相爱。

【典出】先秦《墨子·兼爱》

【原文】故天下兼相爱则治，交相恶则乱。

【释义】所以天下彼此相爱就会得到治理，相互厌恶就会变得混乱。

十六

农历甲辰年 农历四月初九

2024 年 5 月 16 日　星期四

五 月

君子之所取者远，则必有所待；所就者大，则必有所忍。

【典出】北宋·苏轼《贾谊论》

【原文】同引用。

【释义】君子要想达成长远的目标，就一定要等待时机；要想成就伟大的功业，就一定要能够忍耐。

十七

农历甲辰年 农历四月初十

2024 年 5 月 17 日　星期五

渴不饮盗泉水，热不息恶木荫。

【典出】陆机《猛虎行》

【原文】同引用。

【释义】即使口渴也不能喝盗泉的水，即使酷热不在恶木下乘凉。（相传饮盗泉的水后，人会生贪鄙之心；恶木指不成材的树木。）

十八

农历甲辰年 农历四月十一

2024 年 5 月 18 日　星期六

口言善，身行恶，国妖也。

【典出】先秦《荀子·大略》

【原文】口能言之，身能行之，国宝也。口不能言，身能行之，国器也。口能言之，身不能行，国用也。口言善，身行恶，国妖也。治国者敬其宝，爱其器，任其用，除其妖。

【释义】嘴上说得漂亮，实际却作恶多端，这种人，是国家的祸害。

十九

农历甲辰年 农历四月十二

2024 年 5 月 19 日　星期日

看似寻常最奇崛，成如容易却艰辛。

【典出】宋·王安石《题张司业诗》

【原文】苏州司业诗名老，乐府皆言妙入神。看似寻常最奇崛，成如容易却艰辛。

【释义】看似寻常实际最奇特突出，完成好像很容易却饱含艰辛。

农历甲辰年 农历四月十三

2024 年 5 月 20 日　星期一

孔子登东山而小鲁，登泰山而小天下。

【典出】先秦《孟子·尽心上》

【原文】孔子登东山而小鲁，登泰山而小天下，故观于海者难为水，游于圣人之门者难为言。

【释义】孔子登上了东山，觉得鲁国变小了，登上了泰山，觉得天下变小了。表面上指泰山之高，实际指人的眼界。

廿一

农历甲辰年 农历四月十四

2024 年 5 月 21 日　星期二

立善法于天下，则天下治；
立善法于一国，则一国治。

【典出】宋·王安石《周公》
【原文】盖君子之为政，立善法于天下，则天下治；立善法
于一国，则一国治。
【释义】一个好的治理者，给天下制定良好的法令制度，则
天下安定、秩序井然；如给某一国制定良好的法令制度，
则该国兴旺、人民幸福。

廿二

农历甲辰年 农历四月十五

2024 年 5 月 22 日　星期三

梨虽无主，我心有主。

【典出】明《元史·许衡传》

【原文】尝暑中过河阳，渴甚，道有梨，众争取啖之，衡独危坐树下自若。或问之，曰："非其有而取之，不可也。"人曰："世乱，此无主。"曰："梨无主，吾心独无主乎？"

【释义】有一次盛暑路过河阳，口渴难当，道旁有一梨树，同行者争相摘食，只有许衡坐于树下不为所动。有人问他为何如此，许衡说："不是自己的梨子，不能摘。"对方说："世道这么乱，这树哪有主人？"衡曰："梨树无主，难道我心中也无主吗？"

廿三

农历甲辰年 农历四月十六

2024 年 5 月 23 日 星期四

五 月

劳于读书，逸于作文。

【典出】元·程端礼《读书分年日程》
【原文】同引用。
【释义】在读书上多花工夫，写文章的时候就容易多了。

廿四

农历甲辰年 农历四月十七

2024 年 5 月 24 日　星期五

纵有良法美意，非其人而行之，反成弊政。

【典出】明·胡居仁《居业录》

【原文】纵有良法美意，非其人而行之，反成弊政；虽非良法，得贤才行之，亦救得一半。

【释义】纵然有了好的法令和美好的意图，如果执行的人执行不当，反而会成为有害的法令。

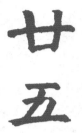

廿五

农历甲辰年 农历四月十八

2024 年 5 月 25 日　星期六

历览前贤国与家，成由勤俭破由奢。

【典出】唐·李商隐《咏史》
【原文】同引用。
【释义】遍观历代前贤治国治家的经验教训，成功多由勤俭，
败亡皆因奢侈。

廿六

农历甲辰年 农历四月十九

2024 年 5 月 26 日　星期日

笼天地于形内，挫万物于笔端。

【典出】西晋·陆机《文赋》

【原文】同引用。

【释义】将广阔的天地概括进形象之内，把纷纭的万物融会于笔端之下。意为写文章要心有天地万物，这样才能格局开阔。

农历甲辰年 农历四月二十

2024 年 5 月 27 日　星期一

立志而圣则圣矣，立志而贤则贤矣。

【典出】明·王阳明《教条示龙场诸生》

【原文】故立志而圣则圣矣，立志而贤则贤矣。

【释义】一个人如果立志成为圣人，就可以成为圣人；立志成为贤人，就可以成为贤人。

农历甲辰年 农历四月廿一

2024 年 5 月 28 日　星期二

利于国者爱之，害于国者恶之。

【典出】先秦·晏婴《晏子春秋》

【原文】同引用。

【释义】做了对国家有利事情的人就会受到爱戴，反之危害国家的人就会受到大家的厌恶。

廿九

农历甲辰年 农历四月廿二

2024 年 5 月 29 日　星期三

立天下之正位，行天下之大道。

【典出】先秦·孟子《孟子·滕文公下》

【原文】居天下之广居，立天下之正位，行天下之大道。

【释义】真正的大丈夫应该具有高尚的品德，行得正、站得
直，为着一个理想的目标去奋斗。

农历甲辰年 农历四月廿三

2024 年 5 月 30 日　星期四

量腹而受，量身而衣。

【典出】先秦《墨子·鲁问第四十九》
【原文】子墨子谓公尚过曰："子观越王之志何若？意越王将
听吾言，用吾道，则翟将往，量腹而食，度身而衣，自比
于群臣，奚能以封为哉？"
【释义】知道肚量的大小才去接受（吃多少东西），知道身
材的高低才能穿（合适的）衣服。启示人们做事情要根据
自身情况来具体分析。

廿

一

农历甲辰年 农历四月廿四

2024 年 5 月 31 日　星期五

六月

毕竟西湖六月中，
风光不与四时同。
接天莲叶无穷碧，
映日荷花别样红。

——《晓出净慈寺送林子方》

【宋】杨万里

2024年·农历甲辰年

理辩则气直，气直则辞盛，辞盛则文工。

【典出】唐·李翱《答朱载言书》

【原文】故义深则意远，意远则理辩，理辩则气直，气直则辞盛，辞盛则文工。

【释义】道理明辨才能气势刚正，气势刚正才能辞藻华美，辞藻华美才显出文章技巧。

农历甲辰年 农历四月廿五
儿童节

2024 年 6 月 1 日　星期六

立文之道，惟字与义。

【典出】南北朝·刘勰《文心雕龙·指瑕》

【原文】若夫立文之道，惟字与义。

【释义】文章的写作方式方法，无非就是"用字"和"立义"
两个方面。

二日

农历甲辰年 农历四月廿六

2024 年 6 月 2 日　星期日

龙文百斛鼎，笔力可独扛。

【典出】唐·韩愈《病中赠张十八》

【原文】同引用。

【释义】作品既有如同百斛之鼎那样厚重的内容，又能将这些内容充分表现出来，形成一种不凡的气势。

三日

农历甲辰年 农历四月廿七

2024 年 6 月 3 日　星期一

落其实者思其树，饮其流者怀其源。

【典出】南北朝·庾信《徵调曲六首（其六）》
【原文】同引用。
【释义】得到树上的果实，就会想到生长果实的树；喝到河里的水，就会想到河水的源头。比喻人无论处于什么样的境地，都不忘其所由来。

农历甲辰年 农历四月廿八

2024 年 6 月 4 日　星期二

克己复礼，为仁。

【典出】先秦《论语·颜渊》

【原文】颜渊问仁。子曰："克己复礼为仁。一日克己复礼，天下归仁焉。为仁由己，而由人乎哉？"颜渊曰："请问其目。"子曰："非礼勿视，非礼勿听，非礼勿言，非礼勿动。"颜渊曰："回虽不敏，请事斯语矣。"

【释义】仁是不断克服缺点，完善自己的目标，是对内心的要求。做到仁，必须修养身心，克制自己的欲望。

芒種

农历甲辰年 农历四月廿九

2024 年 6 月 5 日　星期三

立身不高一步立，如尘里振衣、泥中濯足，如何超达？

【典出】明·洪应明《菜根谭·概论》
【原文】同引用。
【释义】立身处世如果不把目标放得高远一些，就像是在灰尘里抖衣服，在泥水中洗脚，怎能超凡脱俗？

农历甲辰年 农历五月初一

2024 年 6 月 6 日　星期四

力胜贫，谨胜祸，慎胜害，戒胜灾。

【典出】西汉·刘向《说苑·谈丛》

【原文】同引用。

【释义】勤奋可以战胜贫穷，谨慎可以避免祸患，小心可以防止侵害，警惕可以免遭灾难。

农历甲辰年 农历五月初二

2024 年 6 月 7 日　星期五

临财毋苟得，临难毋苟免。

【典出】汉《礼记·曲礼上》
【原文】临财毋苟得，临难毋苟免。很毋求胜，分毋求多。
【释义】遇到钱财不要希望苟且求得，而在面对困难时则不要随便躲避它。

八
日

农历甲辰年 农历五月初三

2024 年 6 月 8 日　星期六

论大功者，不录小过；
举大美者，不疵细瑕。

【典出】西汉·刘向《论甘延寿等疏》
【原文】论大功者，不录小过；举大美者，不疵细瑕。
【释义】评论盛大的功德，不应计较细小的过错；推举贤能的人才，就不挑剔细小的瑕疵。

九日

农历甲辰年 农历五月初四

2024 年 6 月 9 日　星期日

民富国强，众安道泰。

【典出】东汉·赵晔《吴越春秋·卷八·勾践归国外传》

【原文】越主内实府库，垦其田畴，民富国强，众安道泰。

【释义】越王勾践通过采取各种措施，使得国库充盈，百姓安心耕种，最终实现了人民富裕、国家强盛、社会安宁和世道太平的局面。

农历甲辰年 农历五月初五

端午节

2024 年 6 月 10 日　星期一

谋度于义者必得，事因于民者必成。

【典出】先秦《晏子春秋》

【原文】同引用。

【释义】谋事符合于道义就一定能实现，做事顺从于民心就一定能成功。

十一

农历甲辰年 农历五月初六

2024 年 6 月 11 日　星期二

民非谷不食，谷非地不生。

【典出】先秦《管子·八观》

【原文】彼民非穀不食，穀非地不生，地非民不动，民非作力，毋以致财。

【释义】人民没有谷物就没有食物，谷物只能从土地生长。无人耕种，土地就不出产；人民不劳动，就无法生财。

六月

农历甲辰年 农历五月初七

2024 年 6 月 12 日 星期三

灭人之国，必先去其史。

【典出】清·龚自珍《定庵续集》
【原文】同引用。
【释义】要让一个国家、一个民族灭亡，首要的方法是让它的历史消亡。

十三

农历甲辰年 农历五月初八

2024 年 6 月 13 日　星期四

利民之事，丝发必兴；
厉民之事，毫末必去。

【典出】清·万斯大《周官辨非》

【原文】圣人之治天下，利民之事，丝发必兴；厉民之事，毫末必去。

【释义】圣人治理天下所用之道，但凡是于民有利的事情，一丝一发也要推行；于民有害之事，一毫一末也必须革除。

十四

农历甲辰年 农历五月初九

2024 年 6 月 14 日　星期五

毛羽不丰者，不可以高飞。

【典出】西汉·刘向（编订）《战国策》

【原文】毛羽不丰满者，不可以高飞，文章不成者不可以诛罚，道德不厚者不可以使民，政教不顺者不可以烦大臣。

【释义】毛羽不丰满，没法翱翔高空。

农历甲辰年 农历五月初十

2024 年 6 月 15 日　星期六

牡丹虽好，终须绿叶扶持。

【典出】明·顾起元《客座赘语》

【原文】同引用。

【释义】再好的事物，也得有个帮衬。

十六

农历甲辰年 农历五月十一
父亲节

2024 年 6 月 16 日　星期日

莫用三爷，废职亡家。

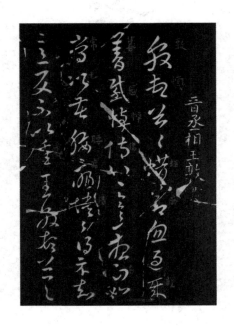

【典出】清·汪辉祖《学治臆说·至亲不可用事》

【原文】同引用。

【释义】"三爷"指少爷、姑爷、舅爷，也即儿子、女婿、妻兄弟。意在告诫为官者，这三种人千万不可任用，否则会丢官罢职、败家毁业。

十七

农历甲辰年 农历五月十二

2024 年 6 月 17 日　星期一

六 月

孟夏之日，万物并秀。

【典出】明·高濂《遵生八笺》

【原文】孟夏之月，天地始交，万物并秀。

【释义】孟夏指农历四月，是夏季第一个月，号为正阳之月。此时天地之气相交，万物繁茂。

十八

农历甲辰年 农历五月十三

2024 年 6 月 18 日　星期二

明者因时而变，知者随事而制。

【典出】西汉·桓宽《盐铁论·忧边第十二》

【原文】同引用。

【释义】聪明的人会根据时代变迁来调整应对策略，智慧的人会随着世事变化而制定法则。

十九

农历甲辰年 农历五月十四

2024 年 6 月 19 日　星期三

名非天造，必从其实。

【典出】明末清初·王夫之《思问录·外篇》
【原文】非天所有，名因人立；名非天造，必从其实。
【释义】事物的名称不是天生具有的，而是由人建立的；名称并不是自然造就的，必须依据客观事实。

农历甲辰年 农历五月十五

2024 年 6 月 20 日　星期四

民心惟本，厥作惟叶。

【典出】先秦《厚父》
【原文】同引用。
【释义】民心像树的根，而树根决定枝叶的生长繁茂。

夏至

农历甲辰年 农历五月十六

2024 年 6 月 21 日　星期五

民为国基，谷为民命。

【典出】东汉·王符《潜夫论·叙录》

【原文】同引用。

【释义】人民是国家的根基，粮食是人民的命根。

农历甲辰年 农历五月十七

2024 年 6 月 22 日 星期六

明制度于前，重威刑于后。

【典出】《尉缭子·重刑令》

【原文】故先王明制度于前，重威刑于后。

【释义】首先申明法令制度，然后再施以重刑。

廿三

农历甲辰年 农历五月十八

2024 年 6 月 23 日　星期日

满招损，谦受益。

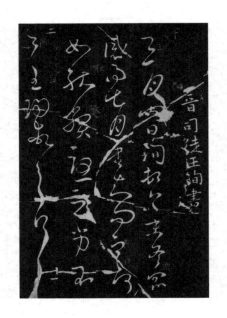

【典出】先秦《尚书·大禹谟》
【原文】满招损，谦受益，时乃天道。
【释义】骄傲自满会招致损失，谦虚谨慎可以得到益处。

农历甲辰年 农历五月十九

2024 年 6 月 24 日　星期一

明者远见于未萌，智者避危于无形。

【典出】西汉·司马相如《谏猎书》

【原文】盖明者远见于未萌，而智者避危于无形，祸固多藏于隐微而发于人之所忽者也。

【释义】聪明的人在事端尚未萌生时就能预见到，智慧的人在危险还未露头时就能避开它，灾祸本来就多藏在隐蔽细微之处，而暴发在人忽视它的时候。

廿五

农历甲辰年 农历五月二十

2024 年 6 月 25 日　星期二

蓬生麻中，不扶而直；
白沙在涅，与之俱黑。

【典出】先秦《荀子·劝学》

【原文】同引用。

【释义】蓬草长在麻地里，不用扶持也能挺立住，白沙混进了黑土里，就会跟它一起变黑。比喻人会受到周围环境、风气的影响。

农历甲辰年 农历五月廿一

2024 年 6 月 26 日　星期三

取之有制、用之有节则裕，取之无制、用之不节则乏。

【典出】明·张居正《论时政疏》

【原文】同引用。

【释义】提取时有限制，使用时有节制，财富就会很充裕；提取时无限制，使用时无节制，财富就会匮乏。

廿七

农历甲辰年 农历五月廿二

2024 年 6 月 27 日　星期四

其身正，不令而行。

【典出】先秦《论语·子路》

【原文】其身正，不令而行；其身不正，虽令不从。

【释义】在上位的人公道正派，即使不发号施令，下属也会跟着行动。

农历甲辰年 农历五月廿三

2024 年 6 月 28 日　星期五

其作始也简，其将毕也必巨。

【典出】先秦《庄子·人间世》

【原文】同引用。

【释义】具有远大前程的事业，在初创之时都微不足道，等到将要完成的时候就一定发展得非常巨大。

廿九

农历甲辰年 农历五月廿四

2024 年 6 月 29 日　星期六

青春虚度无所成，白首衔悲亦何及。

【典出】唐·权德舆《放歌行》

【原文】同引用。

【释义】虚度青春年华，到头来毫无成就；老的时候心怀悲楚，后悔都来不及了。

农历甲辰年 农历五月廿五

2024 年 6 月 30 日　星期日

七月

云收雨过波添，
楼高水冷瓜甜，
绿树阴垂画檐。
纱厨藤簟，
玉人罗扇轻缣。
——《天净沙·夏》【元】白朴

2024年·农历甲辰年

亲仁善邻，国之宝也。

【典出】先秦·《左传·隐公六年》
【原文】同引用。
【释义】与仁者亲近，与邻邦友好，是国家重要的策略。

一日

农历甲辰年 农历五月廿六

建党节

2024 年 7 月 1 日　星期一

情者文之经，辞者理之纬；经正而后纬成，理定而后辞畅；此立文之本源也。

【典出】南北朝·刘勰《文心雕龙·情采》
【原文】同引用。
【释义】情理是文章的经线，文词是情理的纬线。经线端正了纬线才织得上去，情理确定了文词才会畅达。这是写作的根本。

农历甲辰年 农历五月廿七

2024 年 7 月 2 日　星期二

群臣朋党，则宜有内乱。

【典出】先秦《管子·参患》

【原文】才能之人去亡，则宜有外难；群臣朋党，则宜有内乱。

【释义】群臣结党营私，势必带来内乱。

农历甲辰年 农历五月廿八

2024 年 7 月 3 日　星期三

巧辩纵横而可喜，忠言质朴而多讷；
谀言顺意而易悦，直言逆耳而触怒。

【典出】北宋·欧阳修《为君难论·下》

【原文】巧辩纵横而可喜，忠言质朴而多讷，此非听言之难，在听者之明、暗也；谀言顺意而易悦，直言逆耳而触怒，此非听言之难，在听者之贤、愚也。

【释义】花言巧语的话总是讨人喜欢的，质朴忠诚的话总是难听的，并非难以分辨出这些话的好坏，而在于听话人是明智的还是狭隘的。阿谀奉承的话总是顺着心意去说，容易让你喜悦；直言不讳的话因为逆耳容易触怒人，这并不是分辨不出来这些话的好坏，而在于听话的人是贤明还是愚昧。

农历甲辰年 农历五月廿九

2024 年 7 月 4 日　星期四

取其一，不责其二；
即其新，不究其旧。

【典出】唐·韩愈《原毁》

【原文】取其一，不责其二；即其新，不究其旧，恐恐然惟惧其人之不得为善之利。

【释义】肯定他一个方面，而不苛求他别的方面；就他的现在表现看，不追究他的过去，提心吊胆地只怕那个人得不到做好事的益处。

农历甲辰年 农历五月三十

2024 年 7 月 5 日　星期五

人生天地间，长路有险夷。

【典出】 金末元初·元好问《元遗山诗集·临汾李氏任运堂二首》

【原文】 同引用。

【释义】 人生在天地之间，所经历的道路既有坦途也有险阻。

农历甲辰年 农历六月初一

2024 年 7 月 6 日　星期六

日用而不觉。

【典出】先秦《周易·系辞上》

【原文】仁者见之谓之仁，知者见之谓之知，百姓日用而不知，故君子之道鲜矣。

【释义】每天都在用它而不察觉。

七

日

农历甲辰年 农历六月初二

2024 年 7 月 7 日　星期日

人生乐在相知心。

【典出】北宋·王安石《明妃曲二》
【原文】汉恩自浅胡恩深，人生乐在相知心。
【释义】人生中最快乐的事，就是有知心人。

农历甲辰年 农历六月初三

2024 年 7 月 8 日　星期一

人之所以为人者，言也。人而不能言，何以为人？言之所以为言者，信也。言而不信，何以为言？

【典出】先秦《春秋穀梁传·僖公二十二年》

【原文】同引用。

【释义】人之所以成为人，是因为能言语。如果不能言语，何以称为人？言语之所以有意义，是因为能表达承诺。如果言而无信，言语再多也没有意义。

九日

农历甲辰年 农历六月初四

2024 年 7 月 9 日　星期二

人生万事须自为，跬步江山即寥廓。

【典出】元·范梈《王氏能远楼》

【原文】游莫羡天池鹏，归莫问辽东鹤。人生万事须自为，
跬步江山即寥廓。

【释义】远游别羡大鹏一日几万里，归乡莫如辽东鹤之一别
千年。人生在世，万事均须自作自为，哪怕每次仅仅迈出
半步，只要长久前行，也能看到壮美寥廓的世界。

农历甲辰年 农历六月初五

2024 年 7 月 10 日　星期三

人视水见形，视民知治不。

【典出】西汉·司马迁《史记·殷本纪第三》

【原文】汤征诸侯。葛伯不祀，汤始伐之。汤曰："予有言：人视水见形，视民知治不。"伊尹曰："明哉！言能听，道乃进。君国子民，为善者皆在王官。勉哉，勉哉！"汤曰："汝不能敬命，予大罚殛之，无有攸赦。"作汤征。

【释义】人从水中可以看到自己的形象，从百姓精神面貌可以知道国家治理状况。

十一

农历甲辰年 农历六月初六

2024 年 7 月 11 日　星期四

若以水济水，谁能食之？若琴瑟之专壹，谁能听之？

【典出】先秦·左丘明《左传》
【原文】同引用。
【释文】假如水和水掺和，有什么味道呢？如果琴瑟都一个音，有什么好听的呢？

十二

农历甲辰年 农历六月初七

2024 年 7 月 12 日　星期五

人心所归，惟道与义。

【典出】唐·房玄龄等《晋书·熊远传》
【原文】同引用。
【释文】民心所归依的，只有道德和仁义。

农历甲辰年 农历六月初八

2024 年 7 月 13 日   星期六

任重而道远者，不择地而息。

【典出】西汉·韩婴《韩诗外传》

【原文】同引用。

【释义】比喻志向远大、投身伟业的人，不会在事业未竟之
时停下脚步、选择安逸的生活。

十四

农历甲辰年 农历六月初九

2024 年 7 月 14 日　星期日

如切如磋，如琢如磨。

【典出】先秦《诗经·卫风·淇奥》

【原文】同引用。

【释义】君子的养成，是要像雕琢玉石、打磨骨甲那样经历
磨炼。

十五

农历甲辰年 农历六月初十

2024 年 7 月 15 日　星期一

人言未必犹尽，听话只听三分。

【典出】明《增广贤文·下集》
【原文】同引用。

【释义】别人所说的话未必完全正确，要懂得分辨，不能全然听信。

十六

农历甲辰年 农历六月十一

2024 年 7 月 16 日　星期二

人以自是，反以相诽。

【典出】先秦《吕氏春秋·览·慎大览》

【原文】同引用。

【释义】人们总以为自己是对的，对与自己见解不同的人就加以责难。

农历甲辰年 农历六月十二

2024 年 7 月 17 日　星期三

日月不同光，昼夜各有宜。

【典出】唐·孟郊《答姚怤见寄》

【原文】日月不同光，昼夜各有宜。贤哲不苟合，出处亦待时。而我独迷见，意求异士知。如将舞鹤管，误向惊凫吹。大雅难具陈，正声易漂沦。君有丈夫泪，泣人不泣身。行吟楚山玉，义泪沾衣巾。

【释义】太阳和月亮的光辉不相同，一个在白天一个在黑夜，各得其所。

农历甲辰年 农历六月十三

2024 年 7 月 18 日　星期四

人法地，地法天，天法道，道法自然。

【典出】先秦·老子《道德经·第二十五章》

【原文】有物混成，先天地生。寂兮寥兮，独立而不改，周行而不殆，可以为天下母，吾不知其名，字之曰道，强名之曰大。大曰逝，逝曰远，远曰反，故道大、天大、地大、王亦大。域中有四大，王居其一焉。人法地，地法天，天法道，道法自然。

【释义】人是效法于地的，地是效法于天的，天是效法于道的，而道则纯任自然。

农历甲辰年 农历六月十四

2024 年 7 月 19 日　星期五

人而无信，不知其可也。

【典出】先秦《论语·为政》

【原文】子曰："人而无信，不知其可也。大车无輗，小车无軏，其何以行之哉？"

【释义】人要是不讲信用，不知道他还能做什么。

农历甲辰年 农历六月十五

2024 年 7 月 20 日　星期六

人最为天下贵。

【典出】先秦《荀子·王制》

【原文】水火有气而无生，草木有生而无知，禽兽有知而无义；人有气、有生、有知，亦且有义，故最为天下贵也。

【释义】水、火有气却没有生命，草木有生命却没有知觉，禽兽有知觉却不讲道义；人有气、有生命、有知觉，而且讲究道义，所以人最为天下所贵重。

廿一

农历甲辰年 农历六月十六

2024 年 7 月 21 日　星期日

上之为政，得下之情则治，不得下之
情则乱。

【典出】先秦《墨子·尚同》
【原文】同引用。
【释义】为政者要充分掌握下情民意，方有可能把社会治理
好，否则容易引发混乱。

大暑

农历甲辰年 农历六月十七

2024 年 7 月 22 日　星期一

山积而高，泽积而长。

【典出】唐·刘禹锡《唐故监察御史赠尚书右仆射王公神道碑》

【原文】同引用。

【释义】土石日积月累形成了不断高耸的山，点滴积聚汇集形成了长流不断的水。

廿三

农历甲辰年 农历六月十八

2024 年 7 月 23 日　星期二

时穷节乃见，一一垂丹青。

【典出】南宋·文天祥《正气歌》

【原文】同引用。

【释义】在危难的关头，一个人的节操才能显现出来。而那些崭露出了气节的人，都会青史留名。

廿四

农历甲辰年 农历六月十九

2024 年 7 月 24 日　星期三

奢靡之始，危亡之渐。

【典出】北宋《新唐书·褚遂良传》

【原文】同引用。

【释义】奢侈糜烂的开始就是国家危亡的征兆。

廿五

农历甲辰年 农历六月二十

2024 年 7 月 25 日　星期四

善战者，立于不败之地。而不失敌之
败也。

【典出】先秦《孙子兵法》

【原文】同引用。

【释义】善于打仗的人，不但使自己始终处于不被战胜的境地，也决不会放过任何可以击败敌人的机会。

廿六

农历甲辰年 农历六月廿一

2024 年 7 月 26 日　星期五

千篇著述诚难得，一字知音不易求。

【典出】唐·齐己《谢人寄新诗集》

【原文】千篇著述诚难得，一字知音不易求。时入思量向何处，月圆孤凭水边楼。

【释义】长篇大论的文章诚然可贵，但是从一个字就能了解你想法的知音不容易求得。

农历甲辰年 农历六月廿二

2024 年 7 月 27 日　星期六

善禁者，先禁其身而后人。

【典出】东汉·荀悦《申鉴·政体》

【原文】善禁者，先禁其身而后人；不善禁者，先禁人而后身。善禁之，至于不禁，令亦如之。若乃肆情于身，而绳欲于众，行诈于官，而矜实于民。求己之所有余，夺下之所不足，舍己之所易，责人之所难，怨之本也。

【释义】善于用禁令治理社会的人，必然先按照禁令要求自身，而后才去要求别人。

农历甲辰年 农历六月廿三

2024 年 7 月 28 日　星期日

适己而忘人者，人之所弃；
克己而利人者，众之所戴。

【典出】明·方孝孺《逊志斋集》
【原文】同引用。
【释义】只为自己着想而不顾及他人的人，人们会离他而去；
克制自己的私欲以利他人的人，人们会拥戴他。

廿九

农历甲辰年 农历六月廿四

2024 年 7 月 29 日　星期一

胜非其难也，持之者其难。

【典出】西汉·刘安等《淮南子·道应训》
【原文】同引用。
【释义】取得胜利并不是最难的，保持胜利、巩固胜利成果更艰难。

农历甲辰年 农历六月廿五

2024 年 7 月 30 日　星期二

圣人耐以天下为一家。

【典出】汉《礼记·礼运》

【原文】故圣人耐以天下为一家，以中国为一人者，非意之也。

【释义】明智的人将天下看成一家。

廿一

农历甲辰年 农历六月廿六

2024 年 7 月 31 日　星期三

2024年·农历甲辰年

纤云弄巧，飞星传恨，银汉迢迢暗度。金风玉露一相逢，便胜却人间无数。

柔情似水，佳期如梦，忍顾鹊桥归路。两情若是久长时，又岂在朝朝暮暮。

——《鹊桥仙·纤云弄巧》

【宋】秦观

胜败兴亡之分，不得不归咎于人事也。

【典出】明·冯梦龙《新列国志》

【原文】历览往迹，总之得贤者胜，失贤者败；自强者兴，自怠者亡。胜败兴亡之分，不得不归咎于人事也。

【释义】胜败兴衰无不与人的作用、与人才选拔任用机制的好坏有着密切联系。

一日

农历甲辰年 农历六月廿七
建军节

2024 年 8 月 1 日　星期四

是故大鹏之动，非一羽之轻也；骐骥
之速，非一足之力也。

【典出】东汉·王符《潜夫论·释难》

【原文】同引用。

【释义】大鹏冲天飞翔，不是靠一根羽毛的轻盈；骏马急速奔跑，不是靠一只脚的力量。任何一件事情的成功都不是靠个别因素或者单枪匹马的力量，而是要综合各方面的因素或者整体的力量才能完成。

二日

农历甲辰年 农历六月廿八

2024 年 8 月 2 日　星期五

是非疑，则度之以远事，验之以近物。

【典出】先秦《荀子·大略》

【原文】是非疑，则度之以远事，验之以近物，参之以平心，流言止焉，恶言死焉。

【释义】当是非对错难以确定时，就用过去的经验进行衡量，用现实的事情进行验证，用公正的态度进行判断。这样才能使"流言止焉，恶言死焉"。

三日

农历甲辰年 农历六月廿九

2024 年 8 月 3 日　星期六

圣人无常心，以百姓之心为心。

【典出】先秦·老子《道德经·第四十九章》

【原文】同引用。

【释义】圣人没有固定不变的意志，而是以百姓的意志为意志。

农历甲辰年 农历七月初一

2024 年 8 月 4 日　星期日

势利之交，难以经远。

【典出】三国·诸葛亮《论交》

【原文】势力之交，难以经远。士之相知，温不增华，寒不改叶，能四时而不衰，历夷险而益固。

【释义】以权势和利益而结交的朋友关系，难以持续久远。

五日

农历甲辰年 农历七月初二

2024 年 8 月 5 日　星期一

善则赏之，过则匡之，
患则救之，失则革之。

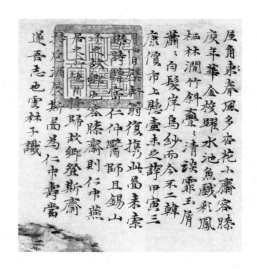

【典出】先秦·左丘明《左传·襄公十四年》
【原文】同引用。
【释义】做得好就嘉奖赞扬，做得过了就进行纠正，遇到危难就设法救助，出现错误就使其改正。

农历甲辰年 农历七月初三

2024 年 8 月 6 日　星期二

善为理者，举其纲，疏其网。

【典出】唐·白居易《策林》
【原文】同引用。
【释义】善于治理国家的人，总能抓住总纲，照顾好全局，抓住问题的关键与要害。

立秋

农历甲辰年 农历七月初四

2024 年 8 月 7 日　星期三

2024 年 8 月 7 日　星期三

收百世之阙文，采千载之遗韵。

【典出】西晋·陆机《文赋》
【原文】同引用。
【释义】吸收百代的文章精华，广泛采纳千年文章的风华。

农历甲辰年 农历七月初五

2024 年 8 月 8 日　星期四

善学者尽其理，善行者究其难。

【典出】先秦《荀子·大略》

【原文】同引用。

【释义】善于学习的人，能悟透其中的道理；善于实践的人，能探究事物中的疑难问题。

九日

农历甲辰年 农历七月初六

2024 年 8 月 9 日　星期五

涉浅水者见虾，其颇深者察鱼鳖，其尤甚者观蛟龙。

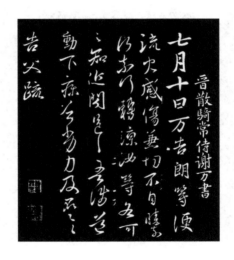

【典出】东汉·王充《论衡·别通》

【原文】同引用。

【释义】游渡浅水可以看见虾，游渡较深的水可以看见鱼鳖，游渡更深的水可以看见蛟龙。比喻在学习上付出的努力越大，收获也就越大。

农历甲辰年 农历七月初七

七夕节

2024 年 8 月 10 日　星期六

事辍者无功，耕怠者无获。

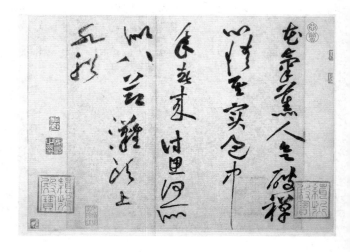

【典出】西汉·桓宽《盐铁论》

【原文】功业有绪，恶劳而不卒，犹耕者倦休而困止也。夫事辍者无功，耕怠者无获也。

【释义】做事半途而废的人不会成功，种地懈怠偷懒的人不会有收获。

十一

农历甲辰年 农历七月初八

2024 年 8 月 11 日　星期日

善学者，假人之长以补其短。

【典出】先秦《吕氏春秋·用众》
【原文】同引用。
【释义】善于学习的人，往往能借鉴别人的长处以弥补自己的不足。

农历甲辰年 农历七月初九

2024 年 8 月 12 日　星期一

盛年不重来，一日难再晨。

【典出】东晋·陶渊明《杂诗十二首·其一》

【原文】同引用。

【释义】美好的青春岁月一旦过去便不会再重来，一天之中也永远看不到第二次日出。

农历甲辰年 农历七月初十

2024 年 8 月 13 日　星期二

所交在贤德，岂论富与贫。

【典出】明·方孝孺《朋友箴》
【原文】同引用。
【释义】朋友交往重德行，不论富贵与否。

农历甲辰年 农历七月十一

2024 年 8 月 14 日　星期三

三军可夺帅也，匹夫不可夺志也。

【典出】先秦《论语·子罕》

【原文】子曰："三军可夺帅也，匹夫不可夺志也。"

【释义】军队的首领可以被改变，但是男子汉（有志气的人）的志向是不能被改变的。

农历甲辰年 农历七月十二

2024 年 8 月 15 日　星期四

谁知盘中餐，粒粒皆辛苦。

【典出】唐·李绅《悯农》

【原文】同引用。

【释义】有谁想到，我们碗中的米饭，粒粒都是农民辛苦劳动得来的呀？

农历甲辰年 农历七月十三

2024 年 8 月 16 日　星期五

天下之事，不难于立法，而难于法之必行。

【典出】明·张居正《请稽查章奏随事考成以修实政疏》

【原文】盖天下之事，不难于立法，而难于法之必行；不难于听言，而难于言之必效。

【释义】天下大事，困难的不在于要制定什么法律，而在于立了法就一定要执行。

十七

农历甲辰年 农历七月十四

2024 年 8 月 17 日　星期六

天下之势不盛则衰，天下之治不进则退。

【典出】南宋·吕祖谦《东莱博议》

【原文】同引用。

【释义】天下大势此消彼长，如果不能继续强盛就会走向衰落。

十

八

农历甲辰年 农历七月十五

2024 年 8 月 18 日　星期日

....

....

....

....

....

....

....

....

....

....

泰山不让土壤，故能成其大；
河海不择细流，故能就其深。

【典出】先秦·李斯《谏逐客书》

【原文】同引用。

【释义】泰山不拒绝任何一粒土壤的加入，方达到今天的高
度；江河湖海不拒绝任何一条小溪的汇入，才成就如今的
深度。

十
九

农历甲辰年 农历七月十六

2024 年 8 月 19 日　星期一

天下之难持者莫如心，
天下之易染者莫如欲。

【典出】南宋·朱熹《四书或问》
【原文】同引用。
【释义】天下最难以把持的就是人的内心，最容易受到沾染的是人的欲望。

廿日

农历甲辰年 农历七月十七

2024 年 8 月 20 日　星期二

天下之患，最不可为者，名为治平无事，而其实有不测之忧。坐观其变而不为之所，则恐至于不可救。

【典出】北宋·苏轼《晁错论》

【原文】同引用。

【释义】天下的祸患，最不好处理的，是表面上政治平静无事，其实有难料之忧。坐观其变，而不为此采取措施，就恐怕要发展到不可挽救的地步。

农历甲辰年 农历七月十八

2024 年 8 月 21 日　星期三

天视自我民视，天听自我民听。

【典出】先秦《尚书·泰誓中》

【原文】同引用。

【释义】上天看到的来自百姓所看到的，上天听到的来自百姓所听到的。

处暑

农历甲辰年 农历七月十九

2024 年 8 月 22 日　星期四

图之于未萌，虑之于未有。

【典出】后晋·刘昫《旧唐书·柳亨传附柳泽传》

【原文】伏惟陛下诞降谋训，敦勤学业，示之以好恶，陈之以成败，以义制事，以礼制心，图之于未萌，虑之于未有，则福禄长亨，与国并休矣。

【释义】在祸患尚未萌发时就预先提防，在灾祸没有到来时未雨绸缪。

廿三

农历甲辰年 农历七月二十

2024 年 8 月 23 日　星期五

太上有立德，其次有立功，其次有立言。

【典出】先秦《左传·襄公二十四年》

【原文】太上有立德，其次有立功，其次有立言，虽久不废，此之谓不朽。

【释义】人生最高的境界是树立德行，其次是建功立业，然后是著书立说，即使过了很久也不会被废弃，这就叫作不朽。

廿四

农历甲辰年 农历七月廿一

2024 年 8 月 24 日　星期六

天地与我并生，而万物与我为一。

【典出】先秦·庄子《齐物论》

【原文】同引用。

【释义】天地与我同生，万物与我是一体的。喻指人与自然
是生命共同体，应和谐相处。

廿五

农历甲辰年 农历七月廿二

2024 年 8 月 25 日　星期日

天不言而四时行，地不语而百物生。

【典出】唐·李白《上安州裴长史书》

【原文】白闻天不言而四时行，地不语而百物生。

【释义】天不会说话，可是四季交替，地不会说话，可是百
物生长。比喻天地之间万事万物各有其自身的规律，它们
各自按照其自身规律去发展。

农历甲辰年 农历七月廿三

2024 年 8 月 26 日　星期一

天地英雄气，千秋尚凛然。

【典出】唐·刘禹锡《蜀先主庙》
【原文】天地英雄气，千秋尚凛然。势分三足鼎，业复五铢钱。
【释义】刘备的英雄气概真可谓顶天立地，经历千秋万代威风凛凛至今依然。

农历甲辰年 农历七月廿四

2024 年 8 月 27 日　星期二

天下事有难易乎？为之，则难者亦易矣；不为，则易者亦难矣。

【典出】清·彭端淑《为学》

【原文】同引用。

【释义】天下的事有难与易的区分吗？你去做了，那么难的也变成容易了；不去做，那么容易的也变成难的了。

廿八

农历甲辰年 农历七月廿五

2024 年 8 月 28 日   星期三

天下之所覆者虽无所不至，而地之所容者则有限焉。

【典出】汉《礼记·中庸》
【原文】同引用。
【释义】天能覆盖的地方虽然很广，但是大地所能容纳的范围是有限的。

廿九

农历甲辰年 农历七月廿六

2024 年 8 月 29 日　星期四

天以新为运，人以新为生。

【典出】清·谭嗣同《报贝元徵书》

【原文】同引用。

【释义】自然是瞬息万变的，人也是需要创新的。

农历甲辰年 农历七月廿七

2024 年 8 月 30 日　星期五

统军持势者，将也；制胜败敌者，众也。

【典出】秦·黄石公《黄石公三略·上略》

【原文】同引用。

【释义】统领军队掌握战争形势的人是将帅，击败敌人取得胜利的人是士兵。

廿一

农历甲辰年 农历七月廿八

2024 年 8 月 31 日   星期六

九月

2024年·农历甲辰年

明月几时有？把酒问青天。不知天上宫阙，今夕是何年。我欲乘风归去，又恐琼楼玉宇，高处不胜寒。起舞弄清影，何似在人间。

——《水调歌头·丙辰中秋》

【宋】苏轼

图难于其易，为大于其细。

【典出】先秦·老子《道德经·第六十三章》

【原文】图难于其易，为大于其细。天下难事，必作于易；
天下大事，必作于细。

【释义】解决难事要从还容易解决时去谋划，做大事要从细
小处做起。

农历甲辰年 农历七月廿九

2024 年 9 月 1 日　星期日

天下之患，莫大于不知其然而然。

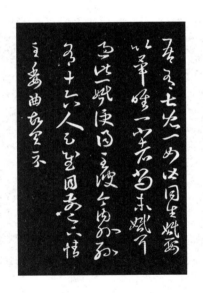

【典出】北宋·苏轼《策略第一》
【原文】天下之患，莫大于不知其然而然。不知其然而然者，
是拱手而待乱也。

【释义】国家发生了变乱，还不知道是什么原因引起的，天
下的祸患没有比这更大的了。

农历甲辰年 农历七月三十

2024 年 9 月 2 日　星期一

天下之事，常成于困约，而败于奢靡。

【典出】南宋·陆游《放翁家训》

【原文】同引用。

【释义】天下的事都是因为在困难之中发奋图强而成功，也都是因为成功后奢侈、萎靡不求上进而失败。

三
日

农历甲辰年 农历八月初一

2024 年 9 月 3 日　星期二

天下有大勇者，卒然临之而不惊，无故加之而不怒，此其所挟持者甚大，而其志甚远也。

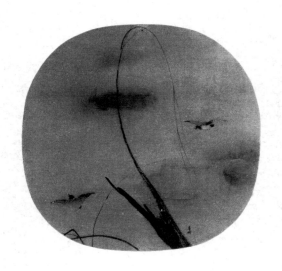

【典出】北宋·苏轼《留侯论》

【原文】同引用。

【释义】天下真正具有豪杰气概的人，遇到突发的情形毫不惊慌，当无原因受到别人侮辱时，也不愤怒。这是因为他们胸怀极大的抱负，志向非常高远。

农历甲辰年 农历八月初二

2024 年 9 月 4 日　星期三

为者常成，行者常至。

【典出】先秦·晏子《晏子春秋》

【原文】梁丘据谓晏子曰："吾至死不及夫子矣！"晏子曰："婴闻之，为者常成，行者常至。婴非有异于人也。常为而不置，常行而不休者，故难及也？"

【释义】无论做什么事情，只要持之以恒，常常会成功。

五日

农历甲辰年 农历八月初三

2024 年 9 月 5 日　星期四

未之见而亲焉，可以往矣；久而不忘焉，可以来矣。

【典出】先秦《管子·形势第二》

【原文】独王之国，劳而多祸；独国之君，卑而不威；自媒之女，丑而不信，未之见而亲焉，可以往矣；久而不忘焉，可以来矣。

【释义】尚未见面就让人仰慕亲近的人和地，应该去走走；久久难以忘怀的人和地，应该来看看。

农历甲辰年 农历八月初四

2024 年 9 月 6 日　星期五

为天下得人者谓之仁。

【典出】先秦《孟子·滕文公上》

【原文】分人以财谓之惠，教人以善谓之忠，为天下得人者
谓之仁。

【释义】把钱财分给别人叫作恩惠，教导人行善向善可谓忠
信，为天下发现人才称得上仁爱。

农历甲辰年 农历八月初五

2024 年 9 月 7 日　星期六

为之于未有，治之于未乱。

【典出】先秦·老子《道德经·第六十四章》

【原文】其安易持，其未兆易谋；其脆易泮，其微易散。为之于未有，治之于未乱。

【释义】做事，要在尚未发生以前就着手；治国理政，要在祸乱没有产生以前，就早做准备。

农历甲辰年 农历八月初六

2024 年 9 月 8 日　星期日

为政之要，莫先于用人。

【典出】北宋·司马光《资治通鉴·魏纪五》

【原文】为治之要，莫先于用人，而知人之道，圣贤所难也。

【释义】治理国家的关键，首推用人。

九

日

农历甲辰年 农历八月初七

2024 年 9 月 9 日　星期一

物之不齐，物之情也。

【典出】先秦《孟子·滕文公上》

【原文】夫物之不齐，物之情也。或相倍蓰，或相什百，或相千万。子比而同之，是乱天下也。

【释义】天下万物没有同样的，它们都有自己的独特个性，这是客观存在。

九 月

农历甲辰年 农历八月初八

教师节

2024 年 9 月 10 日　星期二

为国不可以生事，亦不可以畏事。

【典出】北宋·苏轼《因擒鬼章论西羌夏人事宜札子》

【原文】夫为国不可以生事，亦不可以畏事。畏事之弊，与生事均。譬如无病而服药，与有病而不服药，皆可以杀人。夫生事者，无病而服药也。畏事者，有病而不服药也。

【释义】治理国家要保持制度的稳定，不随意更改政策，同时不能因为怕受非议和质疑就束手束脚，不敢作为。

农历甲辰年 农历八月初九

2024 年 9 月 11 日　星期三

为治之本，务在于安民；安民之本，在于足用。

【典出】西汉·刘安等《淮南子·诠言训》
【原文】同引用。
【释义】治理国家的根本，就在于使老百姓生活安定；使老百姓生活安定的根本，在于财用充足。

十二

农历甲辰年 农历八月初十

2024 年 9 月 12 日　星期四

物有甘苦，尝之者识；
道有夷险，履之者知。

【典出】明·刘基《拟连珠》

【原文】同引用。

【释义】任何事物都有甘苦之分，只有尝试过才会知道；天
下道路都有平坦坎坷之分，只有自己走过才会明白。

农历甲辰年 农历八月十一

2024 年 9 月 13 日　星期五

万物得其本者生，百事得其道者成。

【典出】西汉·刘向《说苑·谈丛》

【原文】万物得其本者生，百事得其道者成。道之所在，天下归之；德之所在，天下贵之；仁之所在，天下爱之；义之所在，天下畏之。

【释义】万物能保持它的根本就能生存，各种事情能掌握它的规律就能成功。

农历甲辰年 农历八月十二

2024 年 9 月 14 日　星期六

为政者，莫善于清其吏也。

【典出】唐·魏徵等《群书治要·刘广别传》
【原文】同引用。
【释义】治理国家，最好的办法是使其官吏保持清正廉洁。

农历甲辰年 农历八月十三

2024 年 9 月 15 日　星期日

五谷者，万民之命，国之重宝。

【典出】先秦·范蠡《范子计然》

【原文】同引用。

【释义】粮食是百姓生命所系，是国家的至宝。

农历甲辰年 农历八月十四

2024 年 9 月 16 日　星期一

为世用者，百篇无害；
不为用者，一章无补。

【典出】东汉·王充《论衡·自纪》
【原文】同引用。
【释义】对社会有用的文章，写一百篇都没有害处；对社会无用的文章，哪怕一章也没有好处。

十七

农历甲辰年 农历八月十五

中秋节

2024 年 9 月 17 日　星期二

物必先腐，而后虫生。

【典出】北宋·苏轼《范增论》

【原文】物必先腐也，而后虫生之。人必先疑也，而后谗入之。

【释义】东西总是自身先腐烂，虫子才会寄生，说明事物总是自己先有弱点然后才为外物所侵。

农历甲辰年 农历八月十六

2024 年 9 月 18 日　星期三

无偏无党，王道荡荡。

【典出】《尚书·洪范》

【原文】无偏无党，王道荡荡；无党无偏，王道平平；无反无侧，王道正直。

【释义】处事公正，没有偏向，不结党营私，治国为政的道路就会宽广平坦。

农历甲辰年 农历八月十七

2024 年 9 月 19 日　星期四

无私者，可置以为政。

【典出】先秦《管子·牧民》

【原文】天下不患无臣，患无君以使之；天下不患无财，患无人以分之。故知时者，可立以为长；无私者，可置以为政。

【释义】天下不怕没有能臣，怕的是没有明君去任用他们；天下不怕没有财物，怕的是没有人去管理它们。所以，通晓天时的，可以任用为官长；没有私心的，可以安排作官吏。

农历甲辰年　农历八月十八

2024 年 9 月 20 日　星期五

吾日三省吾身。

【典出】先秦《论语·学而》

【原文】曾子曰："吾日三省吾身，为人谋而不忠乎？与朋友交而不信乎？传而不习乎？"

【释义】曾子说："我每天多次反省自己：替别人做事有没有尽心竭力？与朋友交往有没有做到诚信？老师所传授的知识有没有付诸实践？"

廿一

农历甲辰年 农历八月十九

2024 年 9 月 21 日　星期六

享天下之利者，任天下之患；
居天下之乐者，同天下之忧。

【典出】北宋·苏轼《赐新除中大夫守尚书右丞王存辞免恩命不允诏》

【原文】同引用。

【释义】享受天下之利益、之乐事的人，就要分担天下人的忧患，并担负起相应责任。

秋分

农历甲辰年 农历八月二十

2024 年 9 月 22 日　星期日

心不可乱，则利至而必知，害至而必察。

【典出】北宋·苏辙《上皇帝书》

【原文】以简自处，则心不可乱；心不可乱，则利至而必知，害至而必察。

【释义】心正才能心境平和、头脑清醒，有利之事发生就必能意识到，有害之事发生就必能觉察到，从而趋利避害。

廿三

农历甲辰年 农历八月廿一

2024 年 9 月 23 日　星期一

先立乎其大者，则其小者弗能夺也。

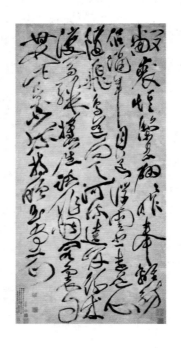

【典出】先秦《孟子·告子上》

【原文】此天之所与我者，先立乎其大者，则其小者弗能夺也。

【释义】上天赐予我们的特殊能力，就是先把重要的思想端正树立起来，那么其他的想法就不会被引入迷途。

农历甲辰年 农历八月廿二

2024 年 9 月 24 日　星期二

学者研理于经，可以正天下之是非；征事于史，可以明古今之成败。

【典出】清·纪昀《四库全书总目提要·子部总序》

【原文】夫学者研理于经，可以正天下之是非；征事于史，可以明古今之成败；余皆杂学也。

【释义】做学问的人，研究儒家经典中的道理，可以验证天下的是非；征引史籍中的事实，可以明了古今的成败。

廿五

农历甲辰年 农历八月廿三

2024 年 9 月 25 日　星期三

先国家之急而后私仇。

【典出】西汉·司马迁《史记·廉颇蔺相如传》

【原文】今两虎共斗，其势不俱生。吾所以为此者，以先国家之急而后私仇也。

【释义】在危机来临之时，要把国家的利益放于个人恩怨之上。

廿六

农历甲辰年 农历八月廿四

2024 年 9 月 26 日　星期四

学者非必为仕，而仕者必为学。

【典出】先秦《荀子·大略》
【原文】同引用。
【释义】读书人不一定都要去做官，但为官者必须坚持学习。

廿七

农历甲辰年 农历八月廿五

2024 年 9 月 27 日　星期五

新松恨不高千尺，恶竹应须斩万竿。

【典出】唐·杜甫《将赴成都草堂途中有作先寄严郑公五首·其四》

【原文】同引用。

【释义】新栽的松树恨不能快速地长成千尺高树，到处乱生侵蔓的恶竹应该斩掉它一万竿。

农历甲辰年 农历八月廿六

2024 年 9 月 28 日　星期六

行生于己，名生于人。

【典出】先秦《逸周书·谥法解》

【原文】同引用。

【释义】行为是自己做出的，名声是别人给予的。

农历甲辰年 农历八月廿七

2024 年 9 月 29 日　星期日

消未起之患，治未病之疾，医之于无事之前。

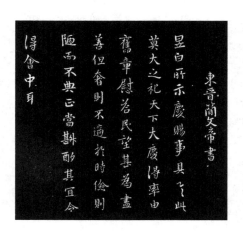

【典出】唐·孙思邈《备急千金要方》

【原文】同引用。

【释义】在疾患未起时就消除它，在疾患未成重症时就治愈它，在疾患到来之前就加以预防。

廿日

农历甲辰年 农历八月廿八

2024 年 9 月 30 日　星期一

十月

2024年·农历甲辰年

薄雾浓云愁永昼，瑞脑销金兽。

佳节又重阳，玉枕纱橱，半夜凉初透。

东篱把酒黄昏后，有暗香盈袖。

莫道不销魂，帘卷西风，人比黄花瘦！

——《醉花阴·薄雾浓云愁永昼》

【宋】李清照

学之染人，甚于丹青。

【典出】唐·房玄龄等《晋书·列传·第五十二章》

【原文】故学之染人，甚于丹青。丹青吾见其久而渝矣，未见久学而渝者也。

【释义】学习对人的熏陶作用，比涂抹在图画上的色彩还要强烈。

一日

农历甲辰年 农历八月廿九
国庆节

2024 年 10 月 1 日　星期二

下轻上重，其覆必易。

【典出】西汉·刘安等《淮南子》

【原文】故末不可以强于本，指不可以大于臂。下轻上重，其覆必易。

【释义】下面轻上面重，就很容易倒覆。

十 月

农历甲辰年 农历八月三十

2024 年 10 月 2 日　星期三

心合意同，谋无不成。

【典出】西汉·东方朔《非有先生论》

【原文】同引用。

【释义】只要大家心意相通，没有办不成的事情。

农历甲辰年 农历九月初一

2024 年 10 月 3 日　星期四

行而不辍，未来可期。

【典出】先秦《荀子·修身》

【原文】同引用。

【释义】只要不停前进，未来就会充满希望。

农历甲辰年 农历九月初二

2024 年 10 月 4 日　星期五

学如弓弩，才如箭镞。

【典出】清·袁枚《续诗品·尚识》
【原文】学如弓弩，才如箭镞，识以领之，方能中鹄。
【释义】学问的根基如弓，人的才能如箭，真知灼见（学识）引导箭头射出，才能命中目标。

五

日

农历甲辰年 农历九月初三

2024 年 10 月 5 日　星期六

行有四仪。

【典出】唐·魏徵等《群书治要·尸子》

【原文】行有四仪，一曰志动不忘仁，二曰智用不忘义，三曰力事不忘忠，四曰口言不忘信。

【释义】做事有四项准则：一是树立志向不忘仁道，二是善用智慧不忘道义，三是尽力做事不忘忠诚，四是出口承诺不忘诚信。

农历甲辰年 农历九月初四

2024 年 10 月 6 日　星期日

行有素履，事有成迹，一人之毁未必
可信，积年之行不应顿亏。

【典出】北宋《新唐书·列传·卷二十二》
【原文】同引用。
【释义】行为有一贯的实践，办事有一定的实迹，即使有个
别人诋毁，也未必可信，多年表现出来的品行，不会一下
子就被毁坏。

七

日

农历甲辰年 农历九月初五

2024 年 10 月 7 日　星期一

使贤者居上，不肖者居下，而后可以理安。

【典出】唐·柳宗元《封建论》
【原文】夫天下之道，理安斯得人者也。使贤者居上，不肖者居下，而后可以理安。
【释义】至于天下的常理，是治理得好、政局安定，这才能得到人民的拥护。使贤明的人居上位，不肖的人居下位，然后才会清明安定。

农历甲辰年 农历九月初六

2024 年 10 月 8 日　星期二

愿将黄鹤翅，一借飞云空。

【典出】唐·孟郊《上包祭酒》

【原文】同引用。

【释义】我愿借黄鹤的翅膀直飞云天，翱翔万里。

九

日

农历甲辰年 农历九月初七

2024 年 10 月 9 日　星期三

一花独放不是春，百花齐放春满园。

【典出】明《古今贤文》

【原文】同引用。

【释义】一枝单独开放的花朵不能代表春天的到来，只有百花竞艳才是人间春色。

农历甲辰年 农历九月初八

2024 年 10 月 10 日　星期四

有一定之略，然后有一定之功。

【典出】南宋·陈亮《酌古论一·光武》

【原文】有一定之略，然后有一定之功。略者不可以仓卒制，而功者不可以侥幸成也。

【释义】有一定的谋略，才能成就一定的功业。谋略不可以仓促制定，功业不可能侥幸而来。

农历甲辰年 农历九月初九
重阳节

2024 年 10 月 11 日　星期五

云散月明谁点缀？天容海色本澄清。

【典出】北宋·苏轼《六月二十日夜渡海》

【原文】同引用。

【释义】云儿散去月儿明朗用不着谁人来点缀，青天碧海本来就是澄清明净的。

十二

农历甲辰年 农历九月初十

2024 年 10 月 12 日　星期六

研理于经正是非，征事于史明成败。

【典出】清·纪昀《四库全书总目提要·子部总序》
【原文】学者研理于经，可以正天下之是非；征事于史，可以明古今之成败。

【释义】做学问的人，研究儒家经典中的道理，可以验证天下的是非；征引史籍中的事实，可以明了古今的成败。

十三

农历甲辰年 农历九月十一

2024 年 10 月 13 日　星期日

义之所在，天下赴之。

【典出】先秦《六韬·文韬》

【原文】与人同忧同乐，同好同恶者，义也。义之所在，天下赴之。

【释义】跟他人抱有同样的忧乐、分享同样的好恶，就叫作义。大义在哪里，天下人心就朝向哪里。

农历甲辰年 农历九月十二

2024 年 10 月 14 日　星期一

言过其实，不可大用。

【典出】西晋·陈寿《三国志》
【原文】同引用。
【释义】言语虚浮夸张，超出实际情况或自身实际能力，这样的人不能委以重任。

十五

农历甲辰年 农历九月十三

2024 年 10 月 15 日　星期二

一丝一粒，我之名节；
一厘一毫，民之脂膏。

【典出】清·张伯行《却赠檄文》

【原文】一丝一粒，我之名节；一厘一毫，民之脂膏。宽一分，民受赐不止一分；取一文，我为人不值一文。谁云交际之常，廉耻实伤；倘非不义之财，此物何来？

【释义】"一丝一粒"虽小，却牵涉我的名节；"一厘一毫"虽微，却都是民脂民膏。

十六

农历甲辰年 农历九月十四

2024 年 10 月 16 日　星期三

尧有欲谏之鼓，舜有诽谤之木。

【典出】先秦《吕氏春秋》

【原文】尧有欲谏之鼓，舜有诽谤之木，汤有司过之士，武王有戒慎之鞀，犹恐不能自知。

【释义】尧有供想进谏的人敲击的鼓，舜有供书写批评意见的木柱，汤有主管纠正过失的官吏，武王有供告诫君主的人所甩的摇鼓。即使这样，他们仍担心不能了解自己的过失。

农历甲辰年 农历九月十五

2024 年 10 月 17 日　星期四

育才造士，为国之本。

【典出】唐·权德舆《策问·进士》
【原文】同引用。
【释义】培育人才是治国的根本大计。

农历甲辰年 农历九月十六

2024 年 10 月 18 日　星期五

以利相交，利尽则散。
以势相交，势败则倾。

【典出】隋·王通《中说·礼乐》

【原文】以势交者，势倾则绝；以利交者，利穷则散，故君子不与也。

【释义】以权势交友的，权势失去了，交情也随之断绝；以利益交友的，利益穷尽了，交情也随之结束。因此，君子不会用势力、权力和金钱来作为择友标准。

十九

农历甲辰年 农历九月十七

2024 年 10 月 19 日　星期六

有道以统之，法虽少，足以化矣；
无道以行之，法虽众，足以乱矣。

【典出】西汉·刘安等《淮南子·泰族训》
【原文】同引用。
【释义】用"道"来统御民众，法令即使很少，也足以使人
们感化；不用"道"来推行，法令即使很多，也足以发生混乱。

廿日

农历甲辰年 农历九月十八

2024 年 10 月 20 日　星期日

十 月

有上则有下，有此则有彼。

【典出】北宋·程颢、程颐《二程粹言》

【原文】有上则有下，有此则有彼，有质则有文。

【释义】有上面就有下面，有这面就有那面，有内因就会有外在。说明事物是普遍联系的，事物之间以及事物内部诸要素之间是相互影响、相互制约、相互作用的。

廿一

农历甲辰年 农历九月十九

2024 年 10 月 21 日　星期一

与君远相知，不道云海深。

【典出】唐·王昌龄《文镜秘府论》
【原文】同引用。
【释义】纵使相隔万里，只要彼此心意相通，便不觉路途遥远。

廿二

农历甲辰年 农历九月二十

2024 年 10 月 22 日　星期二

疑今者，察之古；不知来者，视之往。

【典出】先秦《管子·形势》

【原文】同引用。

【释义】对现实感到疑惑，可以考察历史；对未来感到迷茫，可以回顾往事。

农历甲辰年 农历九月廿一

2024 年 10 月 23 日　星期三

衙斋卧听萧萧竹，疑是民间疾苦声。

【典出】清·郑板桥《潍县署中画竹呈年伯包大丞括》
【原文】同引用。
【释义】在衙门里休息的时候，听见竹叶萧萧作响，仿佛听见了百姓啼饥号寒的怨声。

廿四

农历甲辰年 农历九月廿二

2024 年 10 月 24 日　星期四

有美意，必须有良法乃可行。
有良法，又须有良吏乃能成。

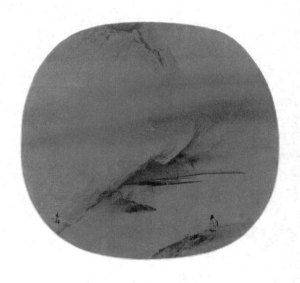

【典出】明·吕坤《呻吟语》

【原文】同引用。

【释义】有好的用意，必须有好的方法，才可能实行。有好的方法，又必须有好的官吏，才能成功。

农历甲辰年 农历九月廿三

2024 年 10 月 25 日　星期五

为学务根柢，行文净冰雪。

【典出】清·顾嗣立《读元史》
【原文】为学务根柢，行文净冰雪。古藻扬清光，煌煌照碑碣。
【释义】搞学问要注重根柢扎实，作文章要力求洁净明白。

农历甲辰年 农历九月廿四

2024 年 10 月 26 日　星期六

一勤天下无难事。

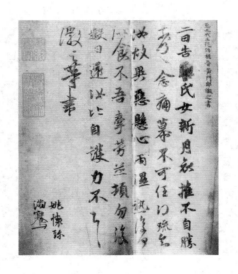

【典出】清·钱德苍《解人颐·勤懒歌》

【原文】百尺竿头立不难，一勤天下无难事。

【释义】只要勤奋，天下就没有难做的事情，即使百尺竿头
也能昂然挺立。

廿

七

农历甲辰年 农历九月廿五

2024 年 10 月 27 日　星期日

与人不求备，检身若不及。

浑如冷蝶宿花房
携抱檀心忆旧香
闲到寒梢无可爱
此般必是汉宫妆

【典出】先秦《尚书·商书·伊训》
【原文】居上克明，为下克忠，与人不求备，检身若不及，以至于有万邦，兹惟艰哉！
【释义】在上位者能够明察下情，这样在下位者才能够对上竭诚。对别人不能求全责备，对己要严格约束。

廿八

农历甲辰年 农历九月廿六

2024 年 10 月 28 日　星期一

壹引其纲，万目皆张。

【典出】先秦《吕氏春秋》
【原文】用民有纪有纲，壹引其纪，万目皆起，壹引其纲，万目皆张。
【释义】把网上的大绳子提起来，所有的网眼就都张开了。比喻抓住事物的关键环节，就可以带动其他环节。

农历甲辰年 农历九月廿七

2024 年 10 月 29 日　星期二

应之以治则吉。

【典出】先秦·《荀子·天论》

【原文】天行有常，不为尧存，不为桀亡。应之以治则吉，应之以乱则凶。

【释义】天道（自然规律）是持久不变的，它并不因为贤明的尧而存在，也不因为凶暴的桀而消失。用符合治理它的规律来适应它，就能吉祥；用导致混乱的办法来对待它，就遭到凶灾。

农历甲辰年 农历九月廿八

2024 年 10 月 30 日　星期三

一念收敛，则万善来同；
一念放恣，则百邪乘衅。

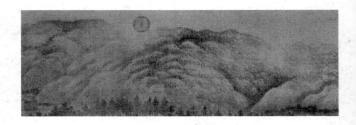

【典出】明·吕坤《呻吟语》
【原文】同引用。
【释义】收敛一个欲念，诸多善行就会随之而来；放纵一个欲念，各种邪念就会乘隙而入，侵蚀身心。

廿一

农历甲辰年 农历九月廿九

2024 年 10 月 31 日　星期四

十二月

2024年·农历甲辰年

千山鸟飞绝，
万径人踪灭。
孤舟蓑笠翁，
独钓寒江雪。
——《江雪》【唐】柳宗元

欲无度者，其心无度；心无度者，则其所为不可知矣。

【典出】先秦《吕氏春秋·观表》

【原文】事随心，心随欲。欲无度者，其心无度。心无度者，则其所为不可知矣。

【释义】事从心出，心随欲来。欲望没有限度的人，心也是没有限度的。一旦人的心没有限度，那么他的所作所为也就难以预料了。

农历甲辰年 农历十月初一

2024 年 11 月 1 日　星期五

以补过为心，以求过为急，以能改其过为善，以得闻其过为明。

【典出】唐·陆贽《奉天请数对群臣兼许令论事状》

【原文】同引用。

【释义】以补救过失来修心养性，以别人指出自己的不足而感到着急，以能够改正过失的勇气和行动正确对待、从善自流，以明白过失在哪来明鉴是非，进而弥补过失，避免重蹈覆辙。

农历甲辰年 农历十月初二

2024 年 11 月 2 日　星期六

欲事立，须是心立。

【典出】北宋·张载《经学理窟》

【原文】欲事立，须是心立。心不钦则怠惰，事无由立，况圣人诚立，故事无不立也。

【释义】若想要所致力之事取得成功，必须先下定决心、坚定信念。如果心不钦敬、志不坚定，则可能懈怠懒惰，所要做之事就很难取得成功。

农历甲辰年 农历十月初三

2024 年 11 月 3 日　星期日

益者三友，损者三友。友直，友谅，友多闻，益矣。友便辟，友善柔，友便佞，损矣。

【典出】先秦《论语·季氏》

【原文】同引用。

【释义】有益的朋友有三种，有害的朋友有三种。与正直的人交朋友、与诚信的人交朋友、与见多识广的人交朋友，有益；与走邪门歪道的人交朋友、与阿谀奉承的人交朋友、与花言巧语的人交朋友，有害。

农历甲辰年 农历十月初四

2024 年 11 月 4 日 星期一

与天下共其生而天下静矣。

【典出】先秦《六韬》

【原文】天有常形，民有常生，与天下共其生而天下静矣。

【释义】天道有一定的规律，人民有日常从事的生计，能让老百姓安居乐业，就能让天下安定下来。

五日

农历甲辰年 农历十月初五

2024 年 11 月 5 日 星期二

有一言而可常行者，恕也。

【典出】东汉·荀悦《申鉴》

【原文】有一言而可常行者，恕也；一行而可常履者，正也。恕者，仁之术也，正者，义之要也。

【释义】如果说有一个字是可以始终践行的，那就是"恕"（己所不欲，勿施于人）；如果说有一种品行是可以始终践行的，就是"正"（正直无私）。恕，是施行仁爱的方法；正直，是坚持道义的要领。

农历甲辰年 农历十月初六

2024 年 11 月 6 日　星期三

业精于勤荒于嬉，行成于思毁于随。

【典出】唐·韩愈《进学解》
【原文】同引用。
【释义】学业靠勤奋才能精湛，如果贪玩就会荒废；德行靠思考才能培养，如果因循随俗就会败坏。

农历甲辰年 农历十月初七

2024 年 11 月 7 日　星期四

言者无罪，闻者足戒。

【典出】先秦《诗经·大序》
【原文】言之者无罪，闻之者足以戒。
【释义】提意见的人只要是善意的，即使提得不正确，也是无罪的。听取意见的人哪怕没有对方所提的缺点错误，也值得引以为戒。

农历甲辰年 农历十月初八

2024 年 11 月 8 日　星期五

疑行无成，疑事无功。

【典出】先秦《商君书·更法》

【原文】臣闻之：疑行无成，疑事无功。

【释义】行动迟疑不决，不会获得成功；做事举棋不定，不会取得功绩。

九

日

农历甲辰年 农历十月初九

2024 年 11 月 9 日　星期六

言悖而出者，亦悖而入；
货悖而入者，亦悖而出。

【典出】先秦《礼记·大学·第十一章》
【原文】是故言悖而出者，亦悖而入；货悖而入者，亦悖而出。
【释义】说话不讲道理，人家也会用不讲道理的话来回答你；
财货来路不明，总有一天也会不明不白地失去。

农历甲辰年 农历十月初十

2024 年 11 月 10 日　星期日

以至诚为道，以至仁为德。

【典出】北宋·苏轼《上初即位论治道二首·道德》

【原文】人君以至诚为道，以至仁为德。守此二言，终身不易，尧舜之主也。

【释义】君主应该以"至诚""至仁"作为自身的道德规范。

农历甲辰年 农历十月十一

2024 年 11 月 11 日　星期一

益，古大都会也。有江山之雄，有文物之盛。

【典出】南宋·袁说友《成都文类》

【原文】同引用。

【释义】成都，在古代就是大都市，山河雄美，文化昌盛。

农历甲辰年 农历十月十二

2024 年 11 月 12 日　星期二

用人之术，任之必专，信之必笃，然后能尽其材，而可共成事。

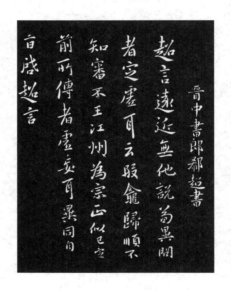

【典出】北宋·欧阳修《为君难论》

【原文】夫用人之术，任之必专，信之必笃，然后能尽其材，而可共成事。

【释义】用人的方法就是要专一地任用他，坚定地信任他，这样才能发挥出他的才干，并且与他一起把事情办好。

农历甲辰年 农历十月十三

2024 年 11 月 13 日　星期三

治国有常，而利民为本。

【典出】先秦《文子·上义》

【原文】治国有常，而利民为本；政教有经，而令行为上。

【释义】治理国家的原则，最根本的就是要利民。

农历甲辰年 农历十月十四

2024 年 11 月 14 日　星期四

自知者英，自胜者雄。

【典出】隋·王通《中说·周公篇》

【原文】李密问英雄。子曰："自知者英，自胜者雄。"

【释义】能够正确评价自己，并且克服各种私心杂念、战胜自己的人，才是英雄。

农历甲辰年 农历十月十五

2024 年 11 月 15 日　星期五

正其末者端其本，善其后者慎其先。

【典出】西晋·潘岳《藉田赋》

【原文】高以下为基，民以食为天。正其末者端其本，善其后者慎其先。

【释义】要想端正树枝末梢，首先要端正树之根本；要想取得好的结果，必须在开始时小心谨慎。

农历甲辰年 农历十月十六

2024 年 11 月 16 日　星期六

宰相必起于州部，猛将必发于卒伍。

【典出】先秦《韩非子·显学》

【原文】故明主之吏，宰相必起于州部，猛将必发于卒伍。夫有功者必赏，则爵禄厚而愈劝；迁官袭级，则官职大而愈治。夫爵禄大而官职治，王之道也。

【释义】宰相必定是从地方下层官员中提拔上来的，猛将必定是从士兵队伍中挑选出来的。

十七

农历甲辰年 农历十月十七

2024 年 11 月 17 日　星期日

纸上得来终觉浅，绝知此事要躬行。

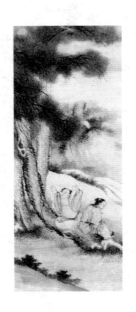

【典出】南宋·陆游《冬夜读书示子聿》

【原文】古人学问无遗力，少壮工夫老始成。纸上得来终觉浅，绝知此事要躬行。

【释义】古人为学不遗余力，从少壮开始坚持，老来方有所成。但从纸面获得的知识道理往往流于浅薄，真要懂得其中真意，还需亲身躬行。

农历甲辰年 农历十月十八

2024 年 11 月 18 日　星期一

志不强者智不达，言不信者行不果。

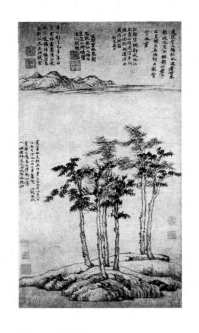

【典出】先秦《墨子·修身》

【原文】同引用。

【释义】意志不坚定的人，才智也不会通达；不讲信用的人，行动也不会有结果。

农历甲辰年 农历十月十九

2024 年 11 月 19 日　星期二

志不立，天下无可成之事。

【典出】明·王阳明《教条示龙场诸生》

【原文】同引用。

【释义】志向不确定，则什么事情也干不成功。

农历甲辰年 农历十月二十

2024 年 11 月 20 日　星期三

志之难也，不在胜人，在自胜也。

【典出】先秦《韩非子·喻老》
【原文】同引用。
【释义】一个人立志的境界，不在于胜过别人，而在于胜过
自己。

廿一

农历甲辰年 农历十月廿一

2024 年 11 月 21 日　星期四

虽有智慧，不如乘势。

東晉武帝書

比得諸王書有欲仙語
吾等之必别須前云宜
私進王慕之稍衆云書
孙私書君輒從衆以吾
觀之寧當許也然不謬乎

【典出】先秦《孟子·公孙丑上》

【原文】虽有智慧，不如乘势；虽有镃基，不如待时。

【释义】即使有智慧，不如借时势；即使有锄头，也要待农时。

农历甲辰年 农历十月廿二

2024 年 11 月 22 日　星期五

知政失者在草野。

【典出】东汉·王充《论衡》

【原文】知屋漏者在宇下，知政失者在草野。

【释义】要想了解执政的得失，得在老百姓中听取实情。

廿三

农历甲辰年 农历十月廿三

2024 年 11 月 23 日　星期六

凿井者，起于三寸之坎，以就万仞之深。

【典出】南北朝·刘昼《刘子·崇学》

【原文】故为山者，基于一篑之土，以成千丈之峭；凿井者，起于三寸之坎，以就万仞之深。

【释义】凿井的人，从挖很浅的土坑开始，最后才挖成万丈深井。比喻要干成一件事情、成就有作为的人生，务必从基础做起，在起点上就扎实推进。

农历甲辰年 农历十月廿四

2024 年 11 月 24 日　星期日

子钓而不纲，弋不射宿。

【典出】先秦《论语·述而》

【原文】同引用。

【释义】孔子只用鱼竿钓鱼，而不用大网来捕鱼；用弓箭射鸟，但不射归巢栖息的鸟。比喻对自然要取之以时、取之有度。

廿五

农历甲辰年 农历十月廿五

2024 年 11 月 25 日　星期一

知行相资以为用。

【典出】明末清初·王夫之《礼记章句·中庸衍》

【原文】知行相资以为用。惟其各有致功，而亦各有其效，故相资以互用。

【释义】知与行都有自己的功效，两种功效互相凭借才能发挥作用。

廿六

农历甲辰年 农历十月廿六

2024 年 11 月 26 日　星期二

知其不善，则速改以从善。

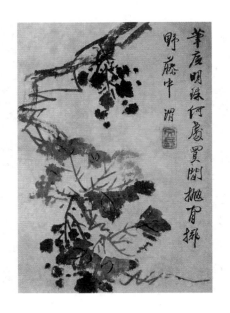

【典出】南宋·朱熹《朱子语类》

【原文】知其不善，则速改以从善，曲折专以"速改"字上著力。

【释义】意识到自己不善的言行，就应该立刻改正从善。最要紧的是在"速改"上下功夫。

农历甲辰年 农历十月廿七

2024 年 11 月 27 日　星期三

治世不一道，便国不法古。

【典出】西汉·司马迁《史记·商君列传》

【原文】治世不一道，便国不法古。故汤武不循古而王，夏殷不易礼而亡。

【释义】治国并不是只有一条道路，只要有利于国家，就不一定非要拘泥于古法旧制。

农历甲辰年 农历十月廿八

2024 年 11 月 28 日　星期四

周虽旧邦，其命维新。

【典出】先秦《诗经·大雅》

【原文】文王在上，于昭于天。周虽旧邦，其命维新。

【释义】周虽然是古老的邦国，但使命却在于改革创新。

廿九

农历甲辰年 农历十月廿九

2024 年 11 月 29 日　星期五

众力并，则万钧不足举也；
群智用，则庶绩不足康也。

【典出】东晋·葛洪《抱朴子·务正》
【原文】同引用。
【释义】只要能够汇聚众人的力量，即便重达万钧的东西也不难举起来；善于运用大家的智慧，那么各项事业都不难做好。

廿

日

农历甲辰年 农历十月三十

2024 年 11 月 30 日　星期六

十二月

天时人事日相催，
冬至阳生春又来。
刺绣五纹添弱线，
吹葭六琯动浮灰。
岸容待腊将舒柳，
山意冲寒欲放梅。
云物不殊乡国异，
教儿且覆掌中杯。
——《小至》【唐】杜甫

治国之道，富民为始。

【典出】西汉·司马迁《史记·平津侯主父列传》
【原文】同引用。
【释义】治理国家之道，首先要使百姓富裕起来。

农历甲辰年 农历十一月初一

2024 年 12 月 1 日　星期日

治国无其法则乱，守法而不变则衰。

【典出】唐·欧阳询等《艺文类聚》
【原文】同引用。
【释义】治理国家若没有法度就会混乱，固守法度若不知变革就会衰落。

农历甲辰年 农历十一月初二

2024 年 12 月 2 日　星期一

致天下之治者在人才。

山舍秋色匠
蓋渡夕陽連

【典出】北宋·胡瑗《松滋县学记》

【原文】致天下之治者在人才，成天下之才者在教化，教化之所本者在学校。

【释义】使国家治理得好的办法关键在人才，而培育天下人才的办法在教化，教化的关键在于学校。

农历甲辰年 农历十一月初三

2024 年 12 月 3 日　星期二

志高则言洁，志大则辞弘，志远则旨永。

【典出】清·叶燮《原诗》

【原文】同引用。

【释义】作者气质高远，文章才能气势恢宏、寓意深远。

农历甲辰年 农历十一月初四

2024 年 12 月 4 日　星期三

知标本者，万举万当；不知标本者，是谓妄行。

【典出】《黄帝内经·素问》

【原文】同引用。

【释义】疾病是有标本之别的，通晓标本之间的关系，诊断才不会犯错；但如果不懂，那就是盲目诊治了。

五

日

农历甲辰年 农历十一月初五

2024 年 12 月 5 日　星期四

治本在得人，得人在审举，审举在核真。

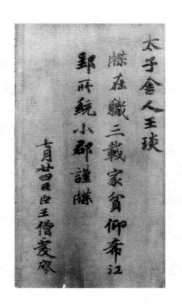

【典出】北宋·司马光《资治通鉴》
【原文】同引用。
【释义】治国的根本在于得到人才，得到人才的关键在于审慎举荐，审慎举荐重要的是考察核实真实情况。

农历甲辰年 农历十一月初六

2024 年 12 月 6 日 星期五

足寒伤心，民寒伤国。

【典出】东汉·荀悦《申鉴·政体第一》
【原文】同引用。
【释义】脚底受寒，容易伤及心脏；百姓困顿，容易伤及国本。

七
日

农历甲辰年 农历十一月初七

2024 年 12 月 7 日　星期六

知责任者，大丈夫之始也；
行责任者，大丈夫之终也。

【典出】梁启超《呵旁观者文》
【原文】同引用。
【释义】认识到责任，是成为大丈夫的前提条件；承担责任，才能当成大丈夫。

农历甲辰年 农历十一月初八

2024 年 12 月 8 日　星期日

正心以为本，修身以为基。

【典出】北宋·司马光《交趾献奇兽赋》

【原文】吾闻古圣人之治天下也，正心以为本，修身以为基。

【释义】无论为人处世，还是治国理政，正心修身都至关重要。

九

日

农历甲辰年 农历十一月初九

2024 年 12 月 9 日　星期一

知人者智，自知者明。

【典出】先秦·老子《道德经·第三十三章》

【原文】知人者智，自知者明。胜人者有力，自胜者强。知足者富，强行者有志，不失其所者久，死而不亡者寿。

【释义】能了解、认识别人叫作智慧，能认识、了解自己才算聪明。

农历甲辰年 农历十一月初十

2024 年 12 月 10 日　星期二

自安于弱，而终于弱矣；
自安于愚，而终于愚矣。

【典出】南宋·吕祖谦《东莱博议·葵邱之会》

【原文】同引用。

【释义】自己安心于软弱，最终也只能是软弱；自己安心于愚蠢，最终也只能是愚蠢。说明人不能自暴自弃，只要锐意进取，便能改变自己的命运和地位。

农历甲辰年 农历十一月十一

2024 年 12 月 11 日　星期三

重莫如国，栋莫如德。

【典出】先秦《国语·鲁语》
【原文】不厚其栋，不能任重。重莫如国，栋莫如德。
【释义】没有什么分量比国家的利益更重要，也没有什么栋
梁比品德高尚的人更合适。

农历甲辰年 农历十一月十二

2024 年 12 月 12 日　星期四

治国犹如栽树，本根不摇则枝叶茂荣。

【典出】唐·吴兢《贞观政要·政体第二》

【原文】故夙夜孜孜，惟欲清净，使天下无事，遂得徭役不兴，年谷丰稔，百姓安乐。夫治国犹如栽树，本根不摇，则枝叶茂荣。

【释义】治理国家就好比种树，只要树木根系牢固不动摇，就能枝繁叶茂。

农历甲辰年 农历十一月十三

2024 年 12 月 13 日　星期五

政如农功，日夜思之。

【典出】先秦《左传·襄公二十五年》

【原文】子产曰："政如农功，日夜思之，思其始而成其终。朝夕而行之，行无越思，如农之有畔。其过鲜矣。"

【释义】从政要像农民种地一样上心，日夜操心。

农历甲辰年 农历十一月十四

2024 年 12 月 14 日　星期六

政令时，则百姓一，贤良服。

【典出】先秦《荀子·王制》

【原文】君者，善群也。群道当，则万物皆得其宜，六畜皆得其长，群生皆得其命。故养长时，则六畜育；杀生时，则草木殖；政令时，则百姓一，贤良服。

【释义】政令颁布适时，百姓就能被统一起来，有德才的人才会心悦诚服。

农历甲辰年 农历十一月十五

2024 年 12 月 15 日　星期日

忠信谨慎，此德义之基也；
虚无诡谲，此乱道之根也。

【典出】东汉·王符《潜夫论·务本》

【原文】夫用天之道，分地之利，六畜生于时，百物聚于野，此富国之本也。游业末事，以收民利，此贫邦之原也。忠信谨慎，此德义之基也；虚无谲诡，此乱道之根也。故力田所以富国也。

【释义】忠诚守信、谦虚谨慎，这是德义的基础；弄虚作假、荒诞无稽，这是致乱的根源。

十六

农历甲辰年 农历十一月十六

2024 年 12 月 16 日　星期一

事必需通观全局，不可执一而论。

【典出】清·钱泳《履园丛话·水学》

【原文】大凡治事，必需通观全局，不可执一而论。昔人有专浚吴淞而舍刘河、白茅者，亦有专治刘河而舍吴淞、白茅者，是未察三吴水势也。

【释义】大抵做事情，必须从大局着眼，通盘筹划，不能只抓住一点或一个方面而不知变通。

农历甲辰年 农历十一月十七

2024 年 12 月 17 日　星期二

自古至于今，与民为仇者，有迟有速，民必胜之。

【典出】西汉·贾谊《新书·大政上》
【原文】同引用。
【释义】自古至今，凡是与人民为敌的，人民必然会战胜他，只是时间有长有短而已。

农历甲辰年 农历十一月十八

2024 年 12 月 18 日　星期三

知者不惑，仁者不忧，勇者不惧。

【典出】先秦《论语·子罕》

【原文】子曰："知者不惑，仁者不忧，勇者不惧。"

【释义】智慧的人不会迷惑，仁德的人不会忧愁，勇敢的人不会畏惧。

农历甲辰年 农历十一月十九

2024 年 12 月 19 日　星期四

致广大而尽精微。

【典出】先秦《中庸》
【原文】君子尊德性而道问学，致广大而尽精微，极高明而
道中庸，温故而知新，敦厚以崇礼。
【释义】君子既尊崇先天的德行本性，又履行后天的求教学
养；既达到广博的境界，又穷尽精妙细微之处；既达到高明
的佳境，又奉行中庸之道；既温习已有的知识，又推知获
取新的见解；既敦厚笃行，又崇尚礼仪。

廿日

农历甲辰年 农历十一月二十

2024 年 12 月 20 日　星期五

孜孜矻矻，死而后已。

【典出】唐·韩愈《争臣论》

【原文】自古圣人贤士，皆非有求于闻用也，闵其时之不平，人之不乂，得其道，不敢独善其身，而必以兼济天下也，孜孜矻矻，死而后已。

【释义】自古以来的圣人贤士，都不是由于追求名望而被任用的，他们怜悯自己所处的时代动荡，民生不安定，有了道德和学问之后，不敢独善其身，一定要经世致用，普济天下。勤恳努力，终身不懈，到死才罢休。

农历甲辰年 农历十一月廿一

2024 年 12 月 21 日　星期六

志不求易者成，事不避难者进。

【典出】汉·范晔等《后汉书·虞诩传》

【原文】志不求易，事不避难，臣之职也。不遇盘根错节，何以别利器乎。

【释义】立志不贪求容易实现的目标，行事不躲避风险困难。

农历甲辰年 农历十一月廿二

2024 年 12 月 22 日　星期日

政之所兴，在顺民心。
政之所废，在逆民心。

【典出】先秦《管子·牧民》

【原文】同引用。

【释义】政事之所以兴盛，在于顺应民心；政事之所以废弛，在于违背民心。

廿三

农历甲辰年 农历十一月廿三

2024 年 12 月 23 日　星期一

在上不骄，在下不谄。

【典出】北宋·王安石《上龚舍人书》
【原文】在上不骄，在下不谄，此进退之中道也。
【释义】居于高位不骄傲专横，身居低位不阿谀奉承。

农历甲辰年 农历十一月廿四

2024 年 12 月 24 日　星期二

志之所趋，无远弗届，
穷山距海，不能限也。

【典出】清·金缨《格言联璧·学问》

【原文】志之所趋，无远勿届，穷山距海，不能限也。

【释义】志向所趋，没有不能达到的地方，即使是山海尽头，也不能限制。意志所向，没有不能攻破的壁垒，即使是精兵坚甲，也不能抵抗。

农历甲辰年 农历十一月廿五

圣诞节

2024 年 12 月 25 日　星期三

一字之失，一句为之蹉跎；
一句之误，通篇为之梗塞。

【典出】清·刘淇《助字辨略》
【原文】同引用。
【释义】一个字没用对，整个句子就会词不达意；一句话没
写好，整篇文章就会气脉不顺。

农历甲辰年 农历十一月廿六

2024 年 12 月 26 日　星期四

昨夜西风凋碧树，独上高楼，望尽天涯路；衣带渐宽终不悔，为伊消得人憔悴；众里寻他千百度，蓦然回首，那人却在灯火阑珊处。

【典出】清·王国维《人间词话》

【原文】古今之成大事业、大学问者，必经过三种之境界："昨夜西风凋碧树。独上高楼，望尽天涯路"。此第一境也。"衣带渐宽终不悔，为伊消得人憔悴。"此第二境也。"众里寻他千百度，蓦然回首，那人却在，灯火阑珊处"。此第三境也。

【释义】治学必经过三种境界：第一境界为"昨夜西风凋碧树，独上高楼，望尽天涯路"；第二境界为"衣带渐宽终不悔，为伊消得人憔悴"；第三境界为"众里寻他千百度，蓦然回首，那人却在灯火阑珊处"。

农历甲辰年 农历十一月廿七

2024 年 12 月 27 日　星期五

文者，贯道之器也。

【典出】唐·李汉《昌黎先生序》

【原文】文者，贯道之器也。不深于斯道，有至焉者，不也。

【释义】文学，是承载"至道"的工具。

农历甲辰年 农历十一月廿八

2024 年 12 月 28 日　星期六

腹有诗书气自华。

【典出】宋·苏轼《和董传留别》

【原文】粗缯大布裹生涯，腹有诗书气自华。厌伴老儒烹瓠叶，强随举子踏槐花。囊空不办寻春马，眼乱行看择婿车。得意犹堪夸世俗，诏黄新湿字如鸦。

【释义】一个人只要饱读诗书，见识广博，不用刻意装扮，自然由内而外产生出气质风度。

廿九

农历甲辰年 农历十一月廿九

2024 年 12 月 29 日　星期日

随人作计终后人，自成一家始逼真。

【典出】北宋·黄庭坚《以右军书数种赠丘十四》

【原文】小字莫作痴冻蝇，乐毅论胜遗教经。大字无过瘗鹤铭，官奴作草欺伯英。随人作计终后人，自成一家始逼真。

【释义】随着别人谋划，终究落在人后；形成独家特色，才能生动真切。

农历甲辰年 农历十一月三十

2024 年 12 月 30 日　星期一

文变染乎世情，兴废系乎时序。

【典出】南朝·梁·刘勰《文心雕龙·时序》
【原文】故知文变染乎世情，兴废系乎时序，原始以要终，虽百世可知也。
【释义】文章的变化受到时代情况的感染，不同文体的兴衰和时代的兴衰有关。

农历甲辰年 农历腊月初一

2024 年 12 月 31 日　星期二

JANUARY 一月

M	T	W	T	F	S	S
1 元旦	**2** 廿一	**3** 廿二	**4** 廿三	**5** 廿四	**6** 小寒	**7** 廿六
8 廿七	**9** 廿八	**10** 廿九	**11** 腊月	**12** 初二	**13** 初三	**14** 初四
15 初五	**16** 初六	**17** 初七	**18** 腊八节	**19** 初九	**20** 大寒	**21** 十一
22 十二	**23** 十三	**24** 十四	**25** 十五	**26** 十六	**27** 十七	**28** 十八
29 十九	**30** 二十	**31** 廿一				

February 二月

M	T	W	T	F	S	S
			1 廿二	**2** 廿三	**3** 廿四	**4** 立春
5 廿六	**6** 廿七	**7** 廿八	**8** 廿九	**9** 除夕	**10** 春节	**11** 初二
12 初三	**13** 初四	**14** 情人节	**15** 初六	**16** 初七	**17** 初八	**18** 初九
19 雨水	**20** 十一	**21** 十二	**22** 十三	**23** 十四	**24** 元宵节	**25** 十六
26 十七	**27** 十八	**28** 十九	**29** 二十			

March 三月

M	T	W	T	F	S	S
				1 廿一	**2** 廿二	**3** 廿三
4 廿四	**5** 惊蛰	**6** 廿六	**7** 廿七	**8** 妇女节	**9** 廿九	**10** 二月
11 初二	**12** 植树节	**13** 初四	**14** 初五	**15** 初六	**16** 初七	**17** 初八
18 初九	**19** 初十	**20** 春分	**21** 十二	**22** 十三	**23** 十四	**24** 十五
25 十六	**26** 十七	**27** 十八	**28** 十九	**29** 二十	**30** 廿一	**31** 廿二

April 四月

M	T	W	T	F	S	S
1 廿三	**2** 廿四	**3** 廿五	**4** 清明	**5** 廿七	**6** 廿八	**7** 廿九
8 三十	**9** 三月	**10** 初二	**11** 初三	**12** 初四	**13** 初五	**14** 初六
15 初七	**16** 初八	**17** 初九	**18** 初十	**19** 谷雨	**20** 十二	**21** 十三
22 十四	**23** 十五	**24** 十六	**25** 十七	**26** 十八	**27** 十九	**28** 二十
29 廿一	**30** 廿二					

May 五月

M	T	W	T	F	S	S
		1 劳动节	**2** 廿四	**3** 廿五	**4** 青年节	**5** 立夏
6 廿八	**7** 廿九	**8** 四月	**9** 初二	**10** 初三	**11** 初四	**12** 母亲节
13 初六	**14** 初七	**15** 初八	**16** 初九	**17** 初十	**18** 十一	**19** 十二
20 小满	**21** 十四	**22** 十五	**23** 十六	**24** 十七	**25** 十八	**26** 十九
27 二十	**28** 廿一	**29** 廿二	**30** 廿三	**31** 廿四		

June 六月

M	T	W	T	F	S	S
					1 儿童节	**2** 廿六
3 廿七	**4** 廿八	**5** 芒种	**6** 五月	**7** 初二	**8** 初三	**9** 初四
10 端午节	**11** 初六	**12** 初七	**13** 初八	**14** 初九	**15** 初十	**16** 父亲节
17 十二	**18** 十三	**19** 十四	**20** 十五	**21** 夏至	**22** 十七	**23** 十八
24 十九	**25** 二十	**26** 廿一	**27** 廿二	**28** 廿三	**29** 廿四	**30** 廿五

July 七月

M	T	W	T	F	S	S
1 建党节	**2** 廿七	**3** 廿八	**4** 廿九	**5** 三十	**6** 小暑	**7** 初二
8 初三	**9** 初四	**10** 初五	**11** 初六	**12** 初七	**13** 初八	**14** 初九
15 初十	**16** 十一	**17** 十二	**18** 十三	**19** 十四	**20** 十五	**21** 十六
22 大暑	**23** 十八	**24** 十九	**25** 二十	**26** 廿一	**27** 廿二	**28** 廿三
29 廿四	**30** 廿五	**31** 廿六				

August 八月

M	T	W	T	F	S	S
			1 建军节	**2** 廿八	**3** 廿九	**4** 七月
5 初二	**6** 初三	**7** 立秋	**8** 初五	**9** 初六	**10** 七夕节	**11** 初八
12 初九	**13** 初十	**14** 十一	**15** 十二	**16** 十三	**17** 十四	**18** 十五
19 十六	**20** 十七	**21** 十八	**22** 处暑	**23** 二十	**24** 廿一	**25** 廿二
26 廿三	**27** 廿四	**28** 廿五	**29** 廿六	**30** 廿七	**31** 廿八	

September 九月

M	T	W	T	F	S	S
30 廿八						**1** 廿九
2 三十	**3** 八月	**4** 初二	**5** 初三	**6** 初四	**7** 白露	**8** 初六
9 初七	**10** 教师节	**11** 初九	**12** 初十	**13** 十一	**14** 十二	**15** 十三
16 十四	**17** 中秋节	**18** 十六	**19** 十七	**20** 十八	**21** 十九	**22** 秋分
23 廿一	**24** 廿二	**25** 廿三	**26** 廿四	**27** 廿五	**28** 廿六	**29** 廿七

October 十月

M	T	W	T	F	S	S
	1 国庆节	**2** 三十	**3** 九月	**4** 初二	**5** 初三	**6** 初四
7 初五	**8** 寒露	**9** 初七	**10** 初八	**11** 重阳节	**12** 初十	**13** 十一
14 十二	**15** 十三	**16** 十四	**17** 十五	**18** 十六	**19** 十七	**20** 十八
21 十九	**22** 二十	**23** 霜降	**24** 廿二	**25** 廿三	**26** 廿四	**27** 廿五
28 廿六	**29** 廿七	**30** 廿八	**31** 廿九			

November 十一月

M	T	W	T	F	S	S
				1 十月	**2** 初二	**3** 初三
4 初四	**5** 初五	**6** 初六	**7** 立冬	**8** 初八	**9** 初九	**10** 初十
11 十一	**12** 十二	**13** 十三	**14** 十四	**15** 十五	**16** 十六	**17** 十七
18 十八	**19** 十九	**20** 二十	**21** 廿一	**22** 小雪	**23** 廿三	**24** 廿四
25 廿五	**26** 廿六	**27** 廿七	**28** 廿八	**29** 廿九	**30** 三十	

December 十二月

M	T	W	T	F	S	S
30 三十	**31** 腊月					**1** 冬月
2 初二	**3** 初三	**4** 初四	**5** 初五	**6** 大雪	**7** 初七	**8** 初八
9 初九	**10** 初十	**11** 十一	**12** 十二	**13** 十三	**14** 十四	**15** 十五
16 十六	**17** 十七	**18** 十八	**19** 十九	**20** 二十	**21** 冬至	**22** 廿二
23 廿三	**24** 廿四	**25** 圣诞节	**26** 廿六	**27** 廿七	**28** 廿八	**29** 廿九

责任编辑：洪　琼

装帧设计：林芝玉

图书在版编目（CIP）数据

平天下·2024 / 人民日报海外版"学习小组"编著 . — 北京：
人民出版社，2023.10

ISBN 978 - 7 - 01 - 026011 - 2

I.①平…　Ⅱ.①人…　Ⅲ.①历书 – 中国 –2024　Ⅳ.① P195.2

中国国家版本馆 CIP 数据核字（2023）第 184160 号

平　天　下

PINGTIANXIA

（2024）

人民日报海外版"学习小组"编著

人民出版社 出版发行

（100706　北京市东城区隆福寺街 99 号）

北京盛通印刷股份有限公司印刷　新华书店经销

2023 年 10 月第 1 版　2023 年 10 月北京第 1 次印刷

开本：680 毫米 ×960 毫米 1/24　印张：32

字数：300 千字

ISBN 978 - 7 - 01 - 026011 - 2　定价：89.00 元

邮购地址 100706　北京市东城区隆福寺街 99 号

人民东方图书销售中心　电话（010）65250042　65289539

ISBN 978-7-01-026011-2

9 787010 260112 >

定价: 89.00 元